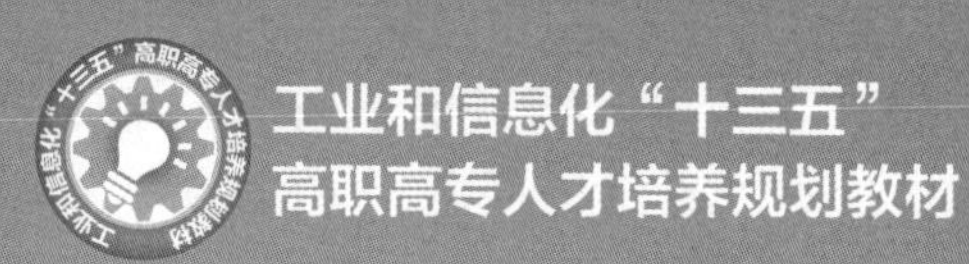

Java 程序设计基础

Java Programming Fundamentals

欧楠 黄海芳 ◎ 主编

谭建武 李雄 余国清 彭顺生 谢琴 邓慈云 ◎ 副主编

人 民 邮 电 出 版 社

北 京

图书在版编目（CIP）数据

Java程序设计基础 / 欧楠，黄海芳主编. -- 北京 :
人民邮电出版社，2017.9（2024.6重印）
工业和信息化“十三五”高职高专人才培养规划教材
ISBN 978-7-115-46104-9

Ⅰ. ①J… Ⅱ. ①欧… ②黄… Ⅲ. ①JAVA语言－程序
设计－高等职业教育－教材 Ⅳ. ①TP312.8

中国版本图书馆CIP数据核字(2017)第172810号

内 容 提 要

本书较为全面地介绍了Java程序开发的相关基础知识。全书共8章，主要讲解了Java语言概述、Java基础语法、数组、面向对象程序设计——类和对象、类的继承、类的多态性、异常处理和常用的Java类。在各章节的末尾设置了实践任务、本章小结和习题练习等环节，帮助读者巩固所学的内容。

本书可以作为高职高专院校计算机相关专业Java程序开发基础课程的教材使用，也适合相关专业初学者和广大计算机爱好者自学使用。

◆ 主　　编　欧　楠　黄海芳
　副 主 编　谭建武　李　雄　余国清　彭顺生　谢　琴
　　　　　　邓慈云
　责任编辑　范博涛
　责任印制　焦志炜

◆ 人民邮电出版社出版发行　　北京市丰台区成寿寺路11号
　邮编　100164　　电子邮件　315@ptpress.com.cn
　网址　http://www.ptpress.com.cn
　三河市兴达印务有限公司印刷

◆ 开本：787×1092　1/16
　印张：11.5　　　　　　2017年9月第1版
　字数：283千字　　　　2024年6月河北第16次印刷

定价：32.00元

读者服务热线：(010)81055256　印装质量热线：(010)81055316
反盗版热线：(010)81055315
广告经营许可证：京东市监广登字 20170147号

前言 FOREWORD

Java 是 Sun 公司推出的能够跨平台、可移植性的一种面向对象的编程语言。自面世以来，Java 凭借其易学易用、功能强大的特点得到了广泛的应用。其强大的跨平台性使 Java 程序可以运行在大部分系统平台上，真正做到“一次编写，到处运行”。Java 可以编写桌面应用程序、Web 应用程序、分布式系统和嵌入式系统应用程序等，已成为应用范围最广泛的开发语言之一。

本书内容面向 Java 语言的初学者，力求从实践出发，由浅入深地讲解知识点，从基本理论知识入手，结合面向对象编程的特点，辅以大量的实际案例和小程序，力求让读者充分理解并能掌握 Java 的具体用法。

全书共 8 章，基础部分介绍了 Java 开发环境的构建、Java 语言的语法基础、数组等，编程进阶部分介绍了包括面向对象程序设计的封装性、继承性和多态性，抽象类和接口，以及访问权限和异常处理。

本书主要特点如下。

1. 实际项目开发与理论教学紧密结合

为了使读者能快速地掌握 Java 的相关技术并按实际项目开发要求熟练运用，本书在重要的章节知识点中都安排了实践任务环节，通过贴近实际应用的任务环节让读者更快理解和掌握知识要点。

2. 合理、有效地组织教学内容

本书按照由浅入深、循序渐进的原则，合理安排了所有章节的递进顺序，各个章节环环相扣，逐层递进，让读者从一位初学者逐步进入到入门者的行列中。

本书由湖南信息职业技术学院计算机工程学院的欧楠、黄海芳、谭建武、李雄、余国清、彭顺生、谢琴、邓慈云，负责整体设计，编写与统稿。其中，黄海芳编写第 1 章和第 2 章，彭顺生编写第 3 章，欧楠编写第 4 章和第 5 章，谭建武编写第 6 章，李雄编写第 7 章，余国清编写第 8 章，谢琴和邓慈云参与了本书的部分编写工作，在此表示衷心的感谢。

由于编者水平有限，书中难免出现错误和疏漏之处，敬请读者批评指正。

编者

2017 年 6 月

目录 CONTENTS

1 Chapter

第1章 Java 语言概述

Java

学习目标

- 了解 Java 语言的发展历史
- 了解 Java 语言的主要特点
- 掌握 Java 语言的开发环境的搭建方法
- 了解主要的 Java 语言的集成开发工具
- 掌握使用记事本工具编译并执行 Java 程序

Java 语言是 Sun 公司开发的一种网络编程语言，拥有卓越的技术特性、丰富的编程接口（类库）、多款功能强大的开发工具。全球 Java 程序员已超过 200 万，超过 100 亿台设备正在使用 Java 技术，并获得主流 IT 厂商的大力支持。作为当今主流的软件开发平台，Java 在企业级应用开发领域中占有过半的市场份额，从当前的应用现状和发展前景看，Java 已经成为软件开发从业人员的首选技术。

Java 是一种理想的面向对象的网络编程语言。它的诞生为 IT 产业带来了一次变革，也是软件的一次革命。Java 程序设计是一个巨大而迅速发展的领域，有人把 Java 称作是网络上的“世界语”。

本章将简要介绍 Java 语言的产生背景、特点、Java 程序的基本结构以及开发 Java 程序的运行环境和基本开发方法。

1.1 Java 语言简介

1.1.1 Java 语言产生的背景

1991 年 4 月，Sun 公司的 James Gosling（见图 1–1）领导的“绿色计划”（Green Project）开始着力发展一种分布式系统结构，使其能够在各种消费性电子产品上运行。而“绿色计划”项目组的成员一开始使用 C++语言来完成这个项目，这是由于该项目组的成员都具有 C++背景，所以他们首先把目光锁定了 C++编译器。Gosling 首先改写了 C++编译器，但很快他就意识到 C++存在很多不足，需要研发一种新的语言来替代它。

Gosling 开发了一种新的语言——“Oak”（橡树）语言，该语言保留了与 C++相似的语法，加入了特有的自动垃圾回收机制，改进内存资源管理，去掉了 C++中的指针以减少程序出错的概率，同时设计成面向对象。“Oak”语言是一种可移植性语言，并且独立于平台运行，能够在不同的硬件平台上运行。

由于在申请商标时发现，“Oak”已被一家显卡制造商注册，因此 1995 年 1 月，“Oak”被更名为 Java。这个名字的产生既不是根据语言本身的特色来命名，也不是由几个英文单词的首字母拼成，更不是由人名或典故而来，而是来自于印度尼西亚一个盛产咖啡的岛名，中文名叫爪哇，意为为世人端上一杯热咖啡。许多程序设计师从所钟爱的热腾腾的香浓咖啡中得到灵感，因而热腾腾的香浓咖啡也就成为 Java 语言的标志，如图 1–2 所示。

图1–1 James Gosling

图1–2 Java标志

1995年5月23日Java正式发布，此后人们对Java的兴趣和重视证明了这项技术将是未来网络计算的主流技术。

提 示

Java是印度尼西亚爪哇岛的英文名称，因盛产咖啡而闻名。Java语言中的许多库类名称多与咖啡有关：如JavaBeans（咖啡豆）、NetBeans（网络豆）和ObjectBeans（对象豆）等。

Java的发展历程见表1–1。

表1-1 Java的发展历程

版本	名称	发行日期
JDK 1.1.4	Sparkler（宝石）	1997–09–12
JDK 1.1.5	Pumpkin（南瓜）	1997–12–13
JDK 1.1.6	Abigail（阿比盖尔，女子名）	1998–04–24
JDK 1.1.7	Brutus（布鲁图，古罗马政治家和将军）	1998–09–28
JDK 1.1.8	Chelsea（切尔西，城市名）	1999–04–08
J2SE 1.2	Playground（运动场）	1998–12–04
J2SE 1.2.1	none（无）	1999–03–30
J2SE 1.2.2	Cricket（蟋蟀）	1999–07–08
J2SE 1.3	Kestrel（美洲红隼）	2000–05–08
J2SE 1.3.1	Ladybird（瓢虫）	2001–05–17
J2SE 1.4.0	Merlin（灰背隼）	2002–02–13
J2SE 1.4.1	grasshopper（蚱蜢）	2002–09–16
J2SE 1.4.2	Mantis（螳螂）	2003–06–26
Java SE 5.0 (1.5.0)	Tiger（老虎）	2004–09–30
Java SE 6.0 (1.6.0)	Mustang（野马）	2006–04
Java SE 7.0 (1.7.0)	Dolphin（海豚）	2011–07–28
Java SE 8.0 (1.8.0)	Spider（蜘蛛）	2014–03–18

从表1中可以看出一个非常有意思的现象，就是JDK的每一个版本号都使用一个开发代号表示（就是表中的中文名）。而且从J2SE 1.2.2开始，主要版本（如J2SE 1.3，J2SE 1.4，Java SE 5.0）都是以鸟类或哺乳动物来命名的，而它们的bug修正版本（如J2SE 1.2.2，J2SE 1.3.1，J2SE 1.4.2）都是以昆虫命名的。

虽然在1998年之前，Java被众多的软件企业所采用，但由于当时硬件环境和JVM的技术原因，它的应用却很有限。当时Java主要只使用在前端的Applet以及一些移动设备中。然而这并不等于Java的应用只限于这些领域。1999年6月，Sun公司发布Java的三个版本：标准版（Java SE，以前是J2SE）、企业版（Java EE以前是J2EE）和微型版（Java ME，以前是J2ME），这标志着Java已经吹响了向企业、桌面和移动3个领域进军的号角。

2009年04月20日，Oracle（甲骨文）公司以74亿美元收购Sun公司，取得Java的版权。

1.1.2 Java 语言的特点

Sun 公司的《Java 白皮书》对 Java 做了如下定义“Java: A simple, object-oriented, distributed, interpreted, robust, secure, architecture-neutral, portable, high-performance, multi-threaded, and dynamic language.”（Java：一种简单的、面向对象的、分布式的、解释执行的、健壮的、安全的、结构中立的、可移植的、高效率的、多线程的和动态的语言）。Sun 公司对 Java 的定义充分展示了 Java 的如下特点。

1. 跨平台性

关于 Java 程序，有一句口号式的经典描述——“Write once, Run anywhere”，其中文意思是“一次编写，到处运行”。这指的正是 Java 语言跨平台的特性。用商业术语来说，这句话代表 Java 技术最重要的承诺是只要写一次程序（即可被编译为字节码在 Java 平台上运行）便能在任何地方运行该应用程序。

Java 源代码被编译成一种结构中立的中间文件格式（字节码文件），该中间代码在机器上能直接执行，不管是什么型号的机器，操作系统是哪种。但有一个必要的前提：那台运行 Java 程序的机器上需要预先安装 Java 运行系统。Java 运行系统又称为 Java 虚拟机（简称 JVM），它可以从 www.oracle.com 网站免费下载，不同的操作系统需要安装对应的 JVM 版本。而 Java 的跨平台特性即通过 JVM 实现。

2. 面向对象

Java 语言是一门面向对象的语言，它比 C++等语言新，一张白纸上可以画最美好的图画，20 世纪 90 年代初它就是这样一张白纸，以 James Gosling 为首的“绿色计划”项目团队给它画的那幅画是完全面向对象，一切皆为对象。

什么是对象呢? 对象是可存储数据的变量和可提供操作的方法的集合。对象的核心就是两项：变量和方法。每个对象在内存中都占据独立的空间，每个对象都拥有类型，对象从类型创建而来。

3. 多线程

Java 提供了专门的类，可方便地用于多线程编程。多线程是这样一种机制，它允许在程序中并发执行多个指令流，每个指令流都称为一个线程，彼此间互相独立。

多线程的程序可同时执行多个任务，多线程程序具有更好的交互性、实时性。

4. 内存垃圾自动回收

在 C++中，对象所占的内存在程序结束运行之前一直被占用，在明确释放之前不能分配给其他对象；而在 Java 中，JVM 的一个系统级线程可以监督对象，它可以发现对象何时不再被使用，原先分配给该对象的内存即成为了垃圾，JVM 系统线程会释放该内存块，对象即被销毁，内存垃圾就被自动回收。

事实上，除了释放没用的对象，Java 垃圾收集也可以清除内存碎片。JVM 将经过碎片整理后的内存分配给新的对象。

5. 简洁有效

Java 语言的语法大多基于 C++，但 Java 更加严谨、简洁。这体现在如下方面：

① Java 去除了 C++中一些难以理解、容易混淆的因素，如头文件、指针、结构体等；避免了赋值语句与逻辑运算语句的混淆；避免了隐藏变量带来的困惑，如“if(a = 3)…;”，在 C++中是没问题的，而在 Java 中是错误的；取消了多重继承这一复杂的继承机制。

② Java 提供了对内存的自动管理：内存分配、内存释放。

③ Java 提供了丰富的类库，有利于软件开发的高效和标准化。

6. 健壮且安全

Java 程序首先要通过编译环节，而 Java 有着最严格的“编译器”，可在编译阶段尽早发现错误，只有纠错完毕才能编译成功，生成字节码文件。这是健壮性的一个保证。

字节码文件通过 JVM 解释执行，类装入器负责装入运行一个程序需要的所有类，确定整个可执行程序的内存布局。字节码校验器对装入的代码进行检查，校验器可发现操作数栈溢出、非法数据类型转换等多种错误。解释执行的机制是又一个健壮保证。

使用 Java 的另一个好处是它的安全性功能，Java 语言与平台都是以安全性为基本构建出来的。Java 平台允许用户在网络上下载非置信的程序代码并在安全的环境下运行它，因此该程序代码不会造成任何的伤害。它无法使用病毒来侵害宿主计算机系统，也无法有从硬盘中读取或写入任何文件等其他的动作。这样的能力让 Java 更显示出其独特性与安全性。

Java 语言与平台的安全性漏洞已经由世界各地的专家协助修正过了，这些与安全性有关的漏洞，包括了会造成相当程度伤害的程序错误，都已经被发现且修正过了。到目前为止，没有任何一个主流的平台能提供像 Java 所能够保证的安全性，也没有人敢保证将来都不会有任何 Java 安全上的漏洞问题，即使 Java 的安全性不够完美，但它已经被证明强壮到足以解决目前所可能遇到的所有威胁。

1.1.3　Java 语言的运行平台

所谓平台（Platform）是软件运行的软件和硬件环境，目前主流平台有 Windows、Linux、UNIX、Solaris 及 Mac OS 等，都是操作平台和硬件平台的混合。Java 平台与这些操作系统平台不同，Java 是一种运行于其他硬件平台上的纯软件平台。

Java 平台包括两个部分：

① Java 虚拟机（Java Virtual Machine，JVM）；

② Java 应用程序编程接口（Java Application Programming Interface，API）

Java 虚拟机是由软件虚拟的计算机，它是 Java 平台的核心，有自己的指令格式和可执行文件。Java 虚拟机在运行时并不能直接操控硬件，如它不能直接控制 CPU 或直接访问物理内存，而是通过调用底层基于硬件平台（如 Windows）的功能来实现的。因此，Java 程序之所以能够实现跨平台运行，是因为它根本不直接运行在任何底层平台上，而是需要它在哪里运行，就在哪里事先准备好自己的 Java 平台，如图 1–3 所示。

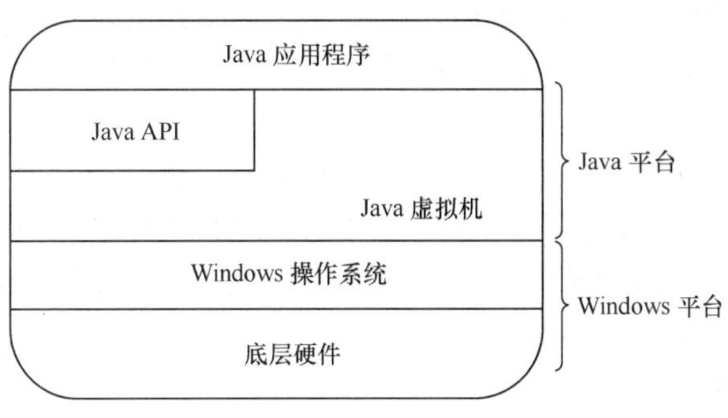

图1–3　Java平台工作原理

Java 应用程序编程接口是一个开发好的软件组件的集合，提供了许多有用的功能。这些软件组件被分成不同的相关类和接口的类库，并称为包。在 Java 程序的开发中，这些包能够被程序员导入和使用。

从 Java 1.2 开始，Java 平台针对不同的市场目标和设备，划分为 J2EE、J2ME 和 J2SE。

J2EE（Java 2 Enterprise Edition，Java2 平台企业版）：主要是为企业计算提供应用服务器的运行和开发平台。J2EE 是一套全然不同于传统应用开发的技术架构，包含许多组件，主要可简化且规范应用系统的开发与部署，进而提高可移植性、安全与再用价值。J2EE 核心是一组技术规范与指南，其中所包含的各类组件、服务架构及技术层次，均有共通的标准及规格，具有良好的兼容性，解决过去企业后端使用的信息产品之间因无法兼容而导致企业内部或外部难以互通的窘境。

J2ME（Java 2 Micro Edition）：J2ME 是一种高度优化的 Java 运行环境，主要针对消费类电子设备，为消费电子产品提供一个 Java 的开发与运行平台，例如蜂窝电话和可视电话、数字机顶盒、汽车导航系统等。J2ME 技术在 1999 年的 Java One Developer Conference 大会上正式推出，它将 Java 语言与平台无关的特性移植到小型电子设备上，允许移动无线设备之间共享应用程序。

J2SE（Java 2 Standard Edition）：主要是为台式机和工作站提供一个开发和运行的平台，定位在客户端，主要用于桌面应用软件的编程。

1.1.4 实践任务——配置运行环境

要进行 Java 平台上的应用开发，必须首先准备好开发和运行环境。

步骤 1　下载并安装 JDK

Java 软件开发工具箱（Java Development Kits，JDK）包括了运行的虚拟机、编译器等所有开发过程中需要的工具。

- Java 虚拟机程序：负责解析和运行 Java 程序。在各种操作系统平台上都有相应的 Java 虚拟机程序。在 Windows 操作系统中，该程序的文件名为 java.exe。
- Java 编译器程序：负责编译 Java 源程序。在 Windows 操作系统中，该程序的文件名为 javac.exe。
- JDK 类库：提供了最基础的 Java 类及各种实用类。

从 Oracle 公司的主页 http://www.oracle.com/technetwork/java/javase/downloads/index.html 免费下载，JDK 不同版本称谓和编号上存在的细小差异可能让初学者感到困惑。输入下载地址，打开图 1-4 所示的下载页面，选择【Accept License Agreement】，接受许可协议，再根据自己的操作系统类型选择 JDK 的版本类型。对于 32 位操作系统，需要选择 x86 后缀的 JDK，对于 64 位操作系统，选择 x64 或 64-bit 类型的版本。

Windows 版的 JDK 安装程序是一个单一的.exe 文件，运行该文件并在安装提示的各步骤中选择默认设置即可，此时系统会将 JDK 安装在默认的系统路径下，安装完成后可以在路径 C:\Program Files\Java 下找到新安装的 JDK 和 JRE 工作目录。也可在安装过程中选择将 JDK 安装到其他指定的路径上，如 D:\Java。

步骤 2　JDK 组成结构

安装后的 JDK 工作目录结构如图 1-5 所示。

Java SE Development Kit 8u65

You must accept the Oracle Binary Code License Agreement for Java SE to download this software.

○ Accept License Agreement ◉ Decline License Agreement

Product / File Description	File Size	Download
Linux ARM v6/v7 Hard Float ABI	77.69 MB	jdk-8u65-linux-arm32-vfp-hflt.tar.gz
Linux ARM v8 Hard Float ABI	74.66 MB	jdk-8u65-linux-arm64-vfp-hflt.tar.gz
Linux x86	154.67 MB	jdk-8u65-linux-i586.rpm
Linux x86	174.84 MB	jdk-8u65-linux-i586.tar.gz
Linux x64	152.69 MB	jdk-8u65-linux-x64.rpm
Linux x64	172.86 MB	jdk-8u65-linux-x64.tar.gz
Mac OS X x64	227.14 MB	jdk-8u65-macosx-x64.dmg
Solaris SPARC 64-bit (SVR4 package)	139.71 MB	jdk-8u65-solaris-sparcv9.tar.Z
Solaris SPARC 64-bit	99.01 MB	jdk-8u65-solaris-sparcv9.tar.gz
Solaris x64 (SVR4 package)	140.22 MB	jdk-8u65-solaris-x64.tar.Z
Solaris x64	96.74 MB	jdk-8u65-solaris-x64.tar.gz
Windows x86	181.24 MB	jdk-8u65-windows-i586.exe
Windows x64	186.57 MB	jdk-8u65-windows-x64.exe

图1-4 JDK下载页面

因为 JDK 默认自带了 JRE，因此，在完成的安装目录 Java 中找到 JDK 和 JRE 两个文件夹，其中 JDK 放置了与 Java 开发包相关的文件，JRE 放置的是与运行环境相关的文件。

图1-5 JDK 8.0工作目录结构

- bin：binary 的简写，Java 开发工具下面存放的是 Java 的各种可执行文件，包括编译器、虚拟机、调试器、文档和工具、归档工具、反编译工具等；
- db：Java DB 数据库；
- include：需要引入的一些头文件，主要是 C 和 C++的，JDK 本身是通过 C 和 C++实现的；
- jre：Java 运行时环境（JRE），包括 Java 虚拟机（JVM）、类库和其他资源文件，此 JRE 只供 JDK 使用；
- lib：library 的简写，JDK 所需要的一些资源文件和资源包。
- src.zip：仅仅是 Java 类库的源代码，其中没有包括 JDK 的源代码、Java 底层类库源代码、JVM 源代码，以及本地方法的源代码

步骤 3 测试安装

安装完成后，如何检查是否安装成功呢?

（1）选择【所有程序】|【附件】|【命令提示符】或输入“cmd”，打开命令提示符窗口。

（2）在命令提示符窗口中输入命令：“java–version”。

（3）如果安装成功，那么系统将显示图 1-6 所示的信息。

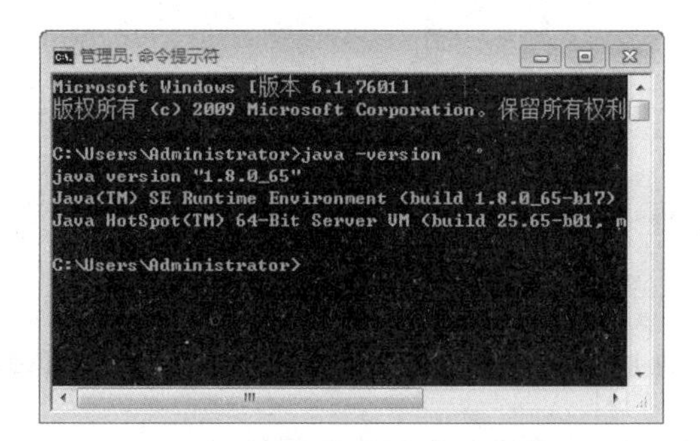

图1-6 验证JDK是否成功安装

步骤 4 JDK 的配置

安装完 JDK 后，还需要设置相应的环境变量，以便系统知道 SDK 所在的安装路径（Path），才能正常使用。

（1）选择【我的电脑】图标、右键单击弹出快捷菜单，单击【属性】|【高级系统设置】打开【系统属性】对话框，如图 1-7 所示。

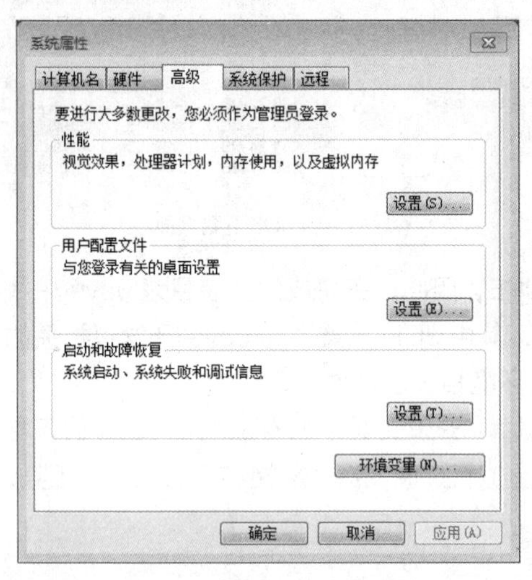

图1-7 【系统属性】对话框

（2）单击【环境变量】按钮，打开【环境变量】对话框，如图 1-8 所示。在用户变量栏单击【新建】按钮，创建新的环境变量如下：

```
变量名：Path
变量值：C:\Program Files\Java\jdk1.8.0_65\bin
```

其中输入的 C:\Program Files\Java\jdk1.8.0_65\bin 是 SDK 的安装目录，如图 1-9 所示。

图1-8 【环境变量】对话框

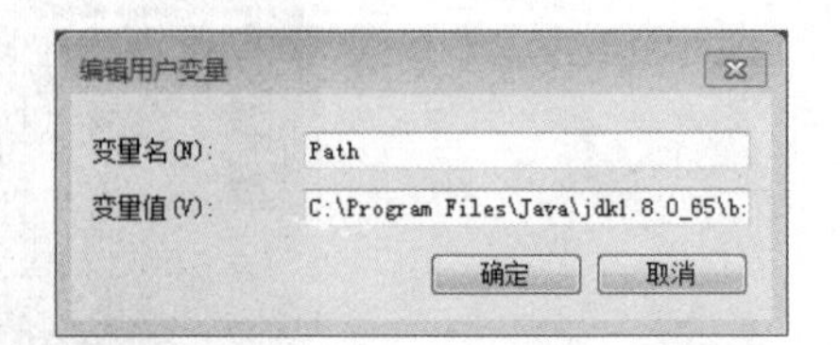

图1-9 【编辑用户变量】对话框

（3）设置完环境变量后即可在命令行窗口中进行测试。

选择【所有程序】|【附件】|【命令提示符】或输入“cmd”，打开命令提示符窗口。

在命令提示符窗口中任意路径下输入如下命令“javac”，然后按【Enter】键，如果出现图 1-10 所示的提示信息，说明环境变量 Path 设置成功，JDK 已可正常使用。

```
管理员: 命令提示符
Microsoft Windows [版本 6.1.7601]
版权所有 (c) 2009 Microsoft Corporation。保留所有权利。

C:\Users\Administrator>javac
用法: javac <options> <source files>
其中, 可能的选项包括:
  -g                         生成所有调试信息
  -g:none                    不生成任何调试信息
  -g:{lines,vars,source}     只生成某些调试信息
  -nowarn                    不生成任何警告
  -verbose                   输出有关编译器正在执行的操作的消息
  -deprecation               输出使用已过时的 API 的源位置
  -classpath <路径>            指定查找用户类文件和注释处理程序的位置
  -cp <路径>                   指定查找用户类文件和注释处理程序的位置
  -sourcepath <路径>           指定查找输入源文件的位置
  -bootclasspath <路径>        覆盖引导类文件的位置
  -extdirs <目录>              覆盖所安装扩展的位置
  -endorseddirs <目录>         覆盖签名的标准路径的位置
  -proc:{none,only}          控制是否执行注释处理和/或编译。
  -processor <class1>[,<class2>,<class3>...] 要运行的注释处理程序的名称;
认的搜索进程
  -processorpath <路径>        指定查找注释处理程序的位置
  -parameters                生成元数据以用于方法参数的反射
  -d <目录>                    指定放置生成的类文件的位置
  -s <目录>                    指定放置生成的源文件的位置
  -h <目录>                    指定放置生成的本机标头文件的位置
```

图1-10　javac命令

提 示

建议安装 JDK 的同时获取 JDK 的 API 使用说明文档，该文档可以直接从 Oracle 公司网站免费下载，是一个.zip 格式的压缩文件包，只需解压缩到本地即可。

1.2 使用命令行开发 Java 程序

传统的 Java 应用程序主要分为两类：Application（应用程序）和 Applet（小应用程序）。Application 可以独立运行，Applet 只能嵌入到 Web 页面中运行。无论哪种应用程序，它的开发流程都只需 3 个基本步骤：编写源代码程序、编译、运行。

1.2.1　Java 程序运行过程

Java 程序的运行过程如图 1-11 所示。

（1）编写源文件

Java 语言编写的程序代码首先以纯文本文件形式保存，文件的扩展名（后缀）为.java，这些程序文件称为“源文件”（Source File），其中的程序代码也称“源代码”（Source Code）。

（2）编译 Java 源文件

将源代码通过 Java 编译器编译成字节码（Byte Code）文件，其扩展名.class。字节码文件是 Java 编译器专门针对 Java 虚拟机生成的，其中的指令格式（字节码指令）可以由虚拟机识

别和处理，因而字节码文件是 Java 平台中的可执行文件，是 JVM 的机器语言，对其他平台来说，字节码文件的指令格式与平台无关。

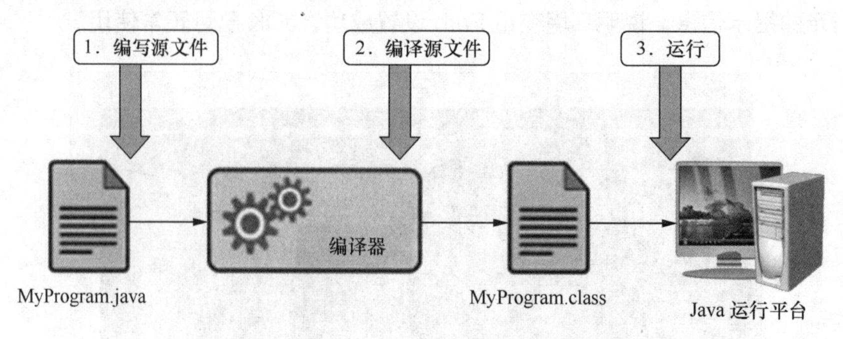

图1-11 Java程序运行过程

编译成功后将生成一个或多个字节码文件，每个字节码文件对应源程序中定义的一个类，该文件的名字是它所对应的类的名字，并以.class 为统一的后缀名。

（3）运行 Java 程序

运行时，Java 虚拟机中的运行时解释器（Runtime Interpreter）模块专门负责字节码文件的解释执行。运行时解释器先将字节码指令解释成所在的底层平台（如 Windows）能够识别处理的指令格式，即本地机器码，然后再委托/调用底层平台的功能来执行，如图 1-12 所示。类似于国际会议中的同声翻译，逐条指令进行，即解释一条执行一条。

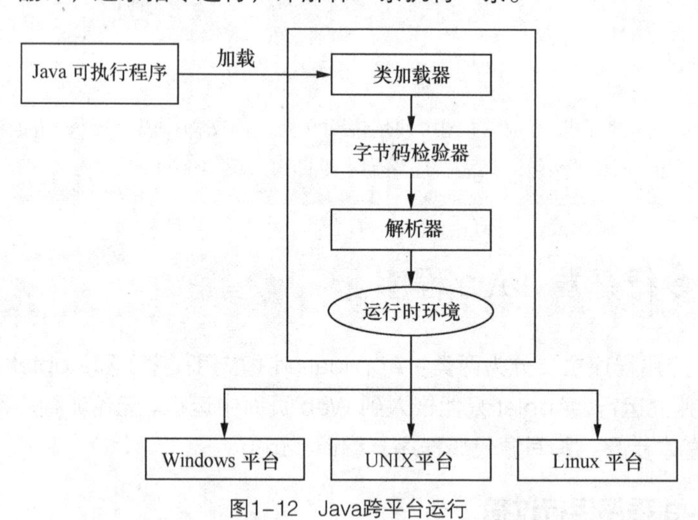

图1-12 Java跨平台运行

这就意味着用户不需要为程序分别创建 Windows、Macintosh 及 UNIX 的版本，一个 Java 程序便可以在所有的操作系统上运行，也充分解释了 Sun 公司对 Java 的宣传口号“一次编写，到处运行”。

1.2.2 注释

与其他高级编程语言类似，Java 语言也支持在源文件中添加注释（Comment）。注释是对源代码起解释说明作用的文本信息，适当的注释可以增强程序代码的可读性和可维护性。Java 语言支持 3 种格式的注释。

① 以“//”开头，注释内容从“//”开始到本行行尾结束；

② 以“/*”开头，直到遇到“*/”结束，注释内容可以跨行，适用于内容较长的注释；

③ 以“/**”开头，直到遇到“*/”结束，注释内容可以跨行，使用 JDK 中提供的文档化工具 Javadoc 可以将这种注释的内容提取出来自动生成软件说明文档。

```
/**
            这是一个我的程序 Java 类，
            MyProgram 类
*/
public class MyProgram{
/**
    Main 方法，在方法中输出字符串
*/
 public static void main(String[ ] args){
    /*  第二种注释  */
        System.out.println("我的第一个 Java 程序");  //打印输出
    }
}
```

1.2.3 实践任务——记事本编辑源程序

使用任何文本编辑器都能够编辑 Java 源文件。

步骤 1　创建源文件

在 Windows 选择【所有程序】|【附件】|【记事本】，启动记事本程序，然后在一个新建的记事本文件中输入如下代码：

```
public class MyProgram{  //类 MyProgram
  public static void main(String[ ] args){
     System.out.println("我的第一个 Java 程序");  //打印输出
  }
}
```

接下来在记事本程序菜单中选择【文件】|【另存为】，在弹出的【另存为】对话框中指定文件的存储路径和文件名。其中存储路径可以任意设定，如 D:\java，而文件名则必须为 MyProgram.java，同时选择保存类型为“所有文件”、编码方式为“ANSI”，如图 1-13 所示，单击【保存】按钮并退出记事本程序。

提示

- Java 语言拼写上是大小写敏感的，例如 MyProgram 和 myprogram 是两个完全不同的类名；
- 一个源文件可以定义多个 Java 类，但其中最多只能有 1 个类被定义为 public 类；
- 如果源文件中包含了 public 类，则源文件必须与该 public 类同名（扩展名为.java）。

步骤 2　使用 Javac 编译源文件

选择【所有程序】|【附件】|【命令提示符】启动命令行窗口，切换当前工作路径到源代码所在的目录下，如 D:\java。

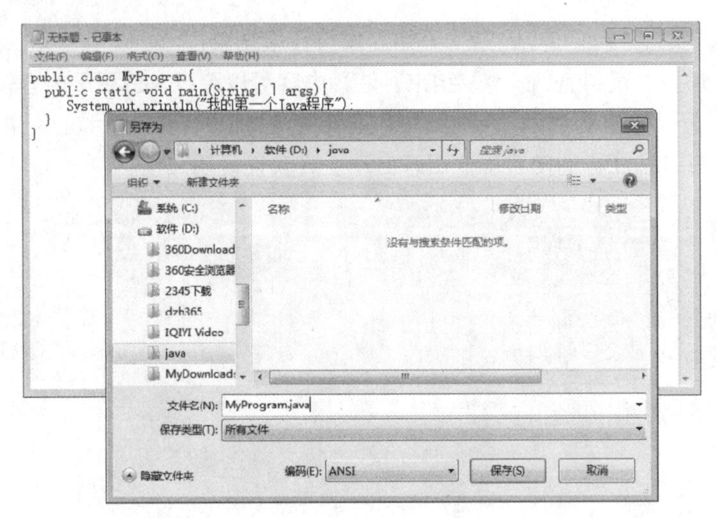

图1-13 源文件保存设置

在【命令提示符】窗口中输入如下命令：

```
javac  MyProgram.java
```

其效果如图 1-14 所示。

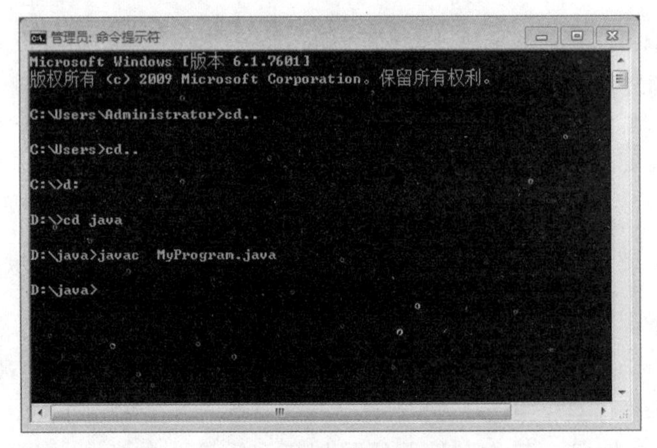

图1-14 编译源文件

编译正常结束时系统不会显示任何信息，但会在源文件所在路径下生成一个名为 MyProgram.class 的字节码文件。如提示编译出错，则请检查先前各环节操作，并在排除错误后重新编译。

步骤 3 使用 java 命令运行程序

在【命令提示符】窗口中字节码文件 MyProgram.class 所在路径下执行命令：

```
java  MyProgram
```

即可得到图 1-15 所示的运行结果。

提示

由于虚拟机运行的总是字节码文件，因此在执行 java 命令时，必须省略文件扩展名.class。

需要说明的是，之所以能在任意路径下执行编译命令 javac 和运行命令 java，是因为环境变量保存了这两个程序文件的存储路径。同样，在启动虚拟机加载指定字节码文件的时候，也可以使用环境变量 CLASSPATH 来保存.class 文件的存储路径，这样就可以在任意路径下找到文件并运行。

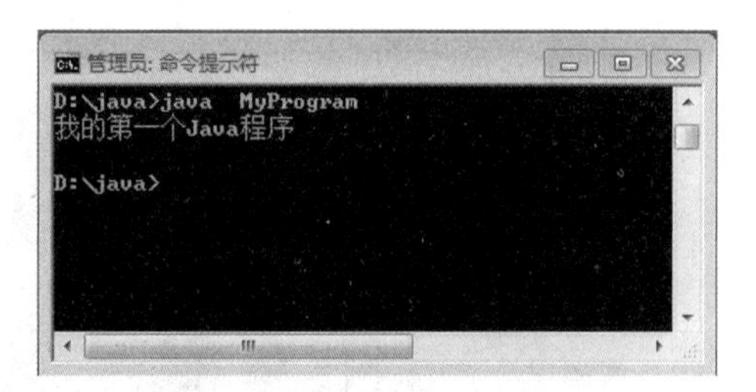

图1-15　运行结果

创建一个新的环境变量 CLASSPATH，设置如下：

```
变量名 CLASSPATH
变量值：.;D:\java
```

其中，“.”代表当前路径，即执行 javac 或 java 命令时的路径。多个不同的类文件存储路径中间须用英文分号“;”分隔开。这样就可以在任意路径下直接运行程序。

1.3 使用 Eclipse 开发 Java 程序

除了 Windows 自带的记事本之外，还有很多专用的程序编辑器，如 UltraEdit、Notepad++和 Sublime Text2 等。但这些编辑器从事大规模企业级 Java 应用开发非常困难，不能进行复杂的 Java 软件开发。为了快速地开发 Java 程序，可以选择集成开发环境（Intergrated Development Environment，IDE）。

1.3.1　Java 集成开发工具介绍

开发 Java 程序时需要快速生成源代码文件，再进行编辑，生成可执行的.class 文件。IDE 提供了 Java 开发从配置、编写、调试到运行及测试的全部内容，典型的有 IntelliJ、Eclipse、MyEclipse、Borland JBuilder、NetBeans 及 BlueJ 等。

1. IntelliJ

IntelliJ 是由 JetBrains 公司开发的一款综合的 Java 编程环境，被许多开发人员和行业专家誉为市场上最好的 IDE，如图 1-16 所示。它提供了一系列最实用的工具组合，包括智能编码辅助和自动控制，支持 J2EE、Ant、JUnit 和 CVS 集成，非平行的编码检查和创新的 GUI 设计器。IntelliJ 把 Java 开发人员从一些耗时的常规工作中解放出来，显著提高了开发效率。IntelliJ 具有如下特点，包括运行更快速，可生成更好的代码；持续的重新设计和日常编码变得更加简易，与其他工具可完美集成；很高的性价比。在 4.0 版本中支持 Generics、BEA Web Logic 集成、改良的 CVS 集成以及 GUI 设计器。

2. Eclipse

Eclipse 是一个开放源代码的、基于 Java 的可扩展开发平台，如图 1-17 所示。Eclipse 最初由 OTI 和 IBM 两家公司的 IDE 产品开发组创建，是 Visual Age for Java 的替代品，其界面跟先前的 Visual Age for Java 差不多，但由于其开放源码，任何人都可以免费得到，并可以在此基础上开发各自的插件，因此越来越受人们关注。之后，包括 Oracle 在内的许多大公司也纷纷加入了该项目，Eclipse 的目标是成为可进行任何语言开发的 IDE 集成者，使用者只需下载各种语言的插件即可。

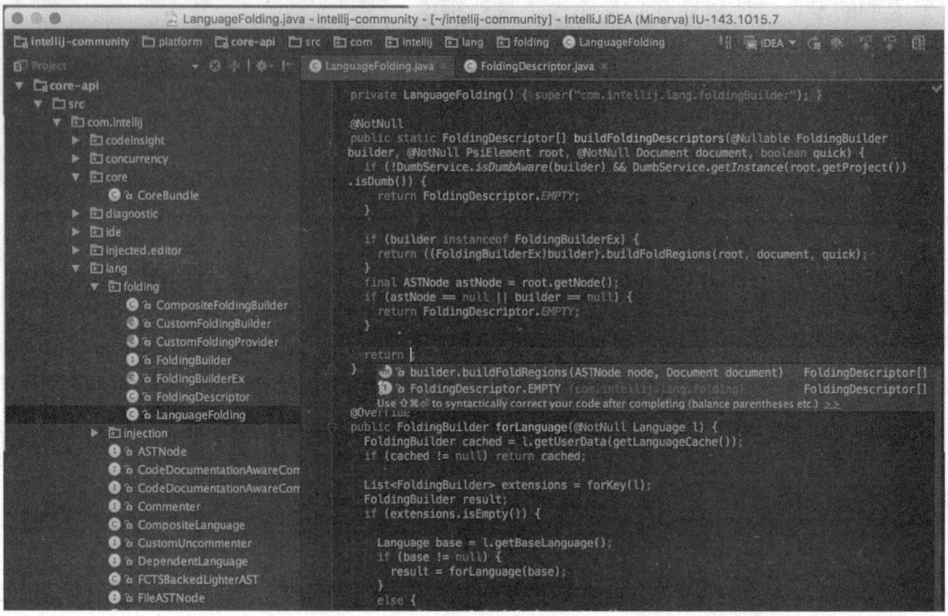

图1-16 IntelliJ

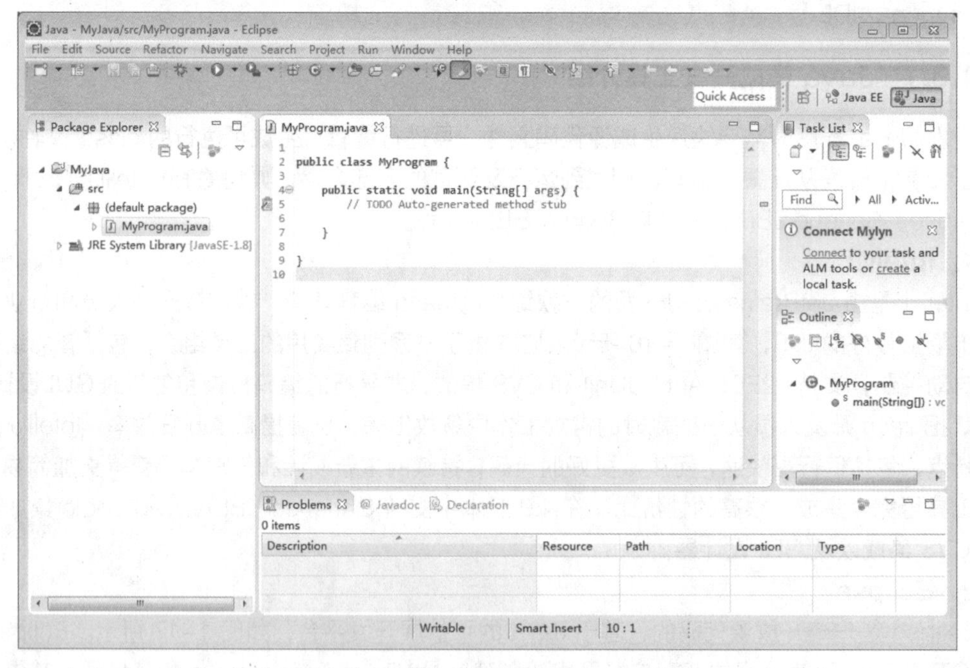

图1-17 Eclipse

3. MyEclipse

MyEclipse 是在 Eclipse 的基础上加上自己的插件开发出的功能强大的企业级集成开发环境，主要用于 Java、Java EE 以及移动应用的开发，如图 1-18 所示。MyEclipse 的功能非常强大，所支持的产品也十分广泛，尤其是对各种开源产品的支持相当不错。

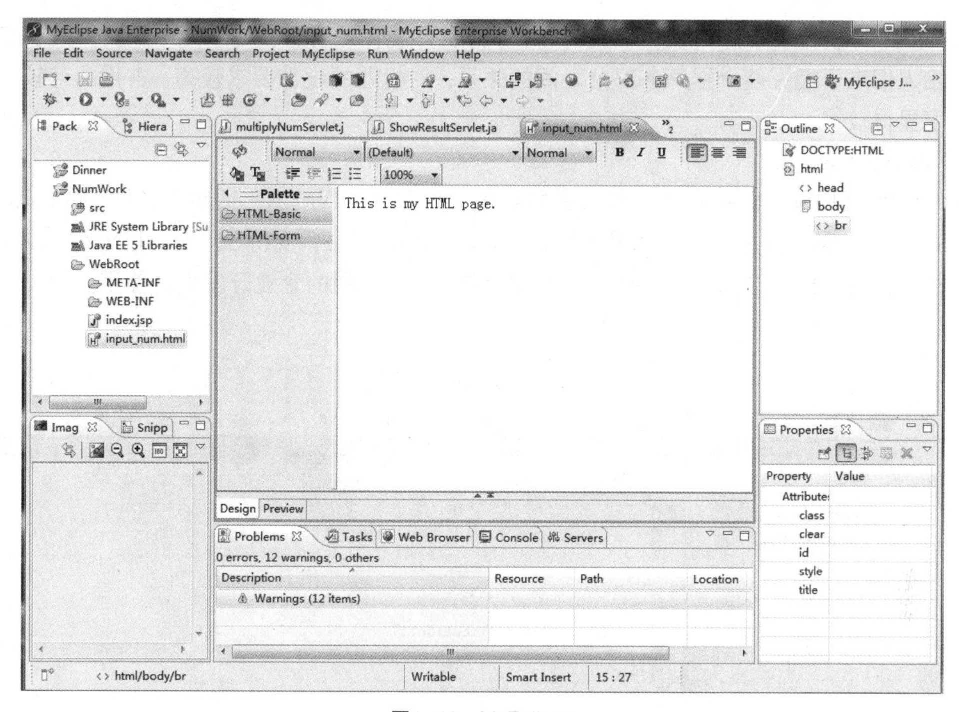

图1-18　MyEclipse

4. JBuilder

JBuilder 是 Borland 公司开发的针对 Java 的开发工具，如图 1-19 所示，使用 JBuilder 可以快速、有效地开发各类 Java 应用。JBuilder 的核心有一部分采用了 VCL 技术，使得程序的条理非常清晰，就算是初学者也能完整地看完整个代码。JBuilder 另一个特点是简化了团队合作，它采用的互联网工作室技术使不同地区甚至不同国家的人联合开发一个项目成为了可能。

图1-19　JBuilder

JBuilder 环境开发程序方便，它是纯 Java 开发环境，适合企业的 J2EE 开发；其缺点是往往一开始人们难于把握整个程序各部分之间的关系，对机器的硬件要求较高，占用内存较大，使运行速度显得较慢。

5. NetBeans

NetBeans 是开放源码的 Java 集成开发环境，如图 1-20 所示，适用于各种客户机和 Web 应用。Sun Java Studio 是 Sun 公司发布的商用全功能 Java IDE，支持 Solaris、Linux 和 Windows 平台，适于创建和部署 2 层 Java Web 应用和 *n* 层 J2EE 应用的企业开发人员使用。

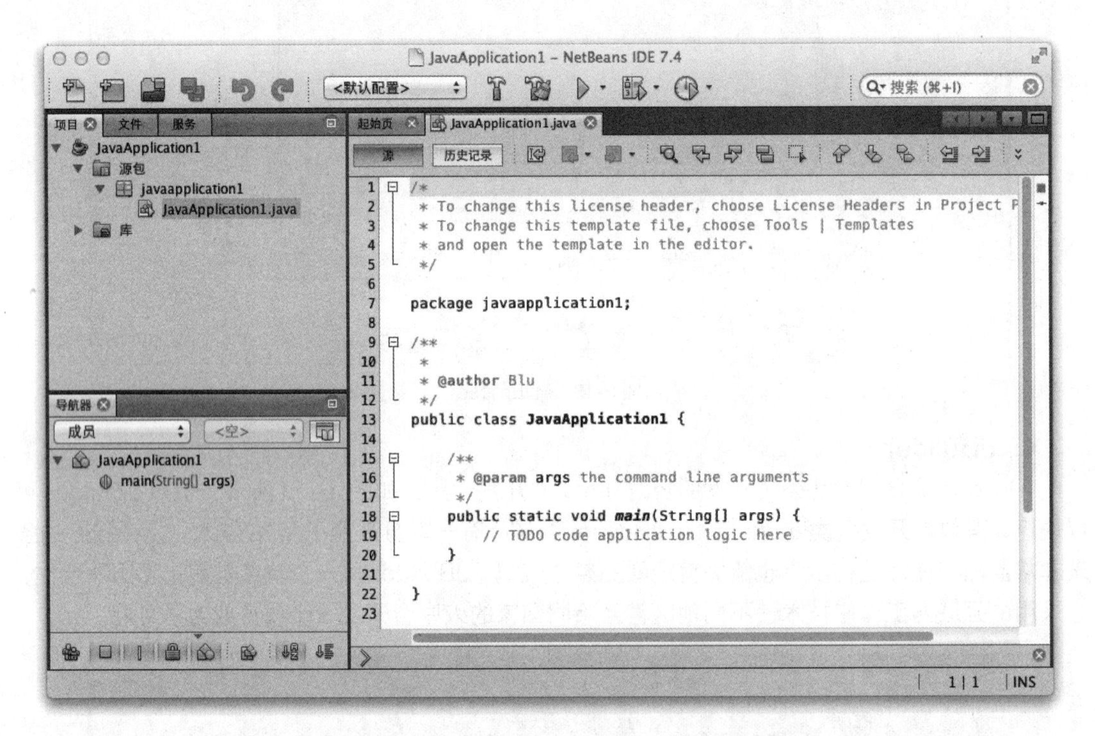

图1-20　NetBeans

NetBeans 是业界第一款支持创新型 Java 开发的开放源码 IDE。开发人员可以利用业界强大的开发工具来构建桌面、Web 或移动应用。同时，通过 NetBeans 和开放的 API 的模块化结构，第三方能够非常轻松地扩展或集成 NetBeans 平台。

6. BlueJ

BlueJ 是由英国肯特大学（University of Kent）、澳大利亚莫纳什大学（Monash University）与 Sun 公司合作开发的一个完整的 Java 编译调试环境，如图 1-21 所示，特别适合 Java 教学和介绍。它支持完整的图形化的类构建；文本和图形编辑器；虚拟机和 Debug 等。它具有简单易用的界面、适合初学者的交互式对象构建和调用等，是学习 Java 的好工具。

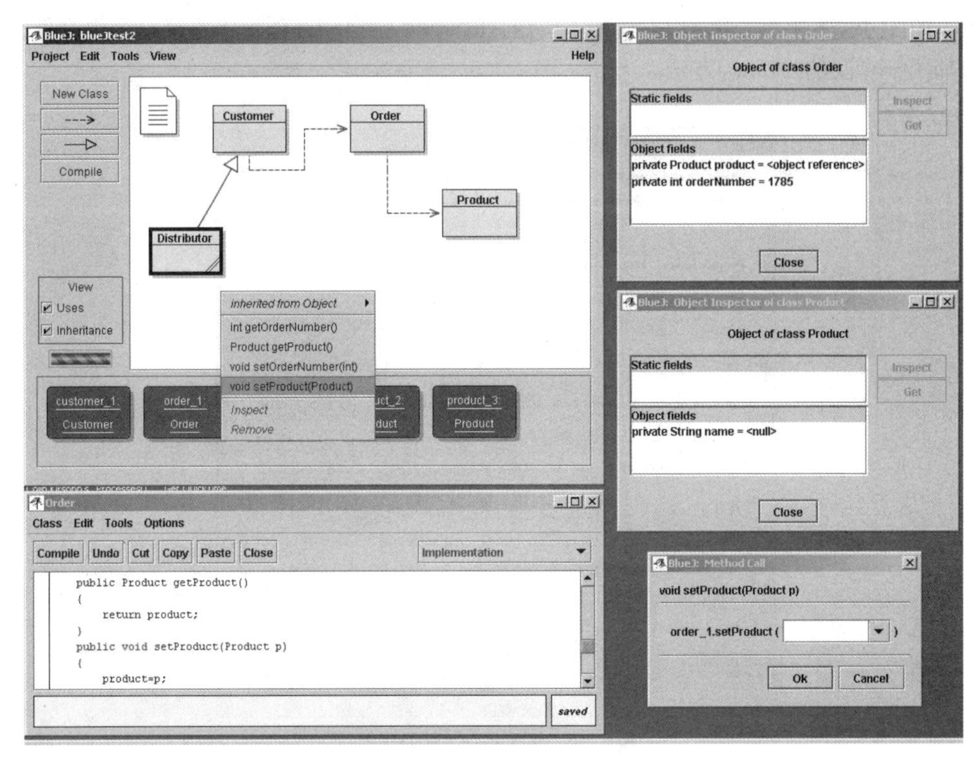

图1-21　BlueJ

1.3.2　Java 集成开发工具选择

一般开发 Java 项目时都需要安装 Java 的开发工具，如何在众多的开发工具中选择？在使用这些开发工具之前，最好能熟知这些软件的优点和缺点，以便根据实际情况选择。编程工具只是工具，是为了方便人们工作而开发的，各有特点，因此，选工具的主要依据是自己将要从事的领域，而不是盲目地认为哪种工具好、哪种工具不好。

1.3.3　实践任务——安装和使用 Eclipse

在 Eclipse 的官方网站中，提供了 Eclipse 最新标准版的下载。安装完毕后，即可使用 Eclipse IDE 开发 Java 应用程序。

步骤 1　新建项目

Eclipse 中的程序以工程方式进行组织，因此首先应当创建一个工程。启动 Eclipse，在主界面中依次选择【File】|【New】|【Java Project】命令，弹出【New Java Project】对话框，在该对话框中输入项目名“Myproject”，如图 1-22 所示。

然后单击【Finish】按钮结束项目新建工作，完成后在 Eclipse 主界面左侧的资源浏览器中，可以看到刚才新建的项目。

步骤 2　新建 Java 类

右键单击项目名，在弹出的快捷菜单中选择【New】|【Class】菜单，如图 1-23 所示，打开一个创建类的向导，输入类名“MyProgram”，并勾选【public static void main(String[ ] args)】

复选框，如图 1-24 所示，单击【Finish】按钮。Eclipse 会自动在项目中生成一个类文件，并在其中添加了一个空的 main( )方法。

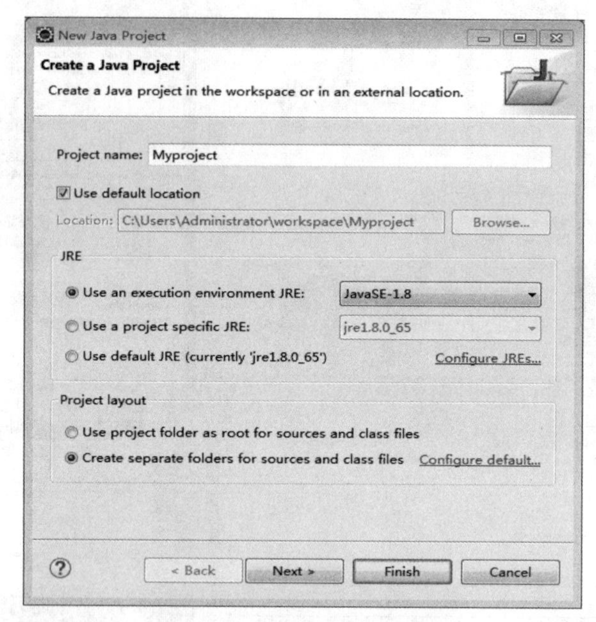

图1-22　新建Java工程对话框

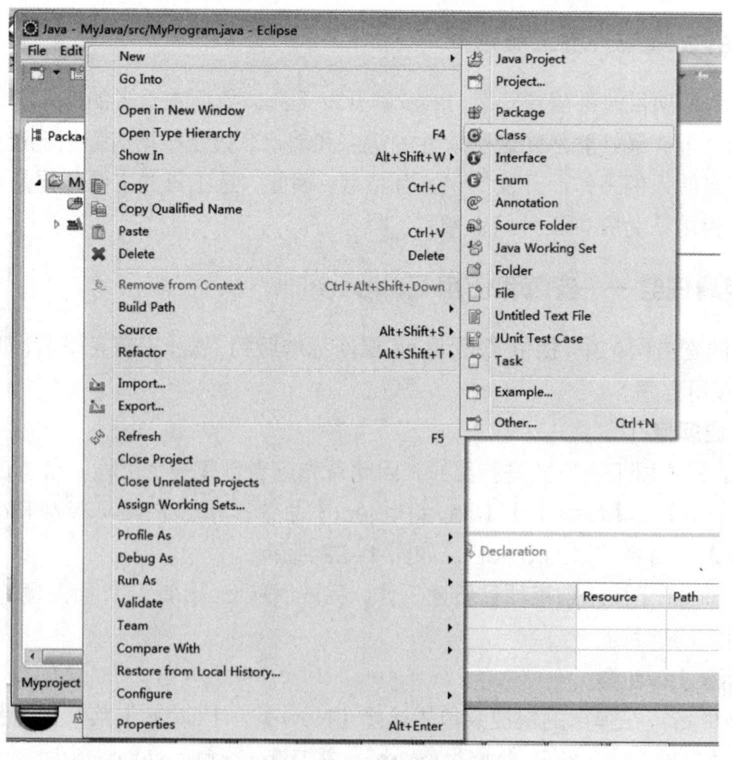

图1-23　新建类

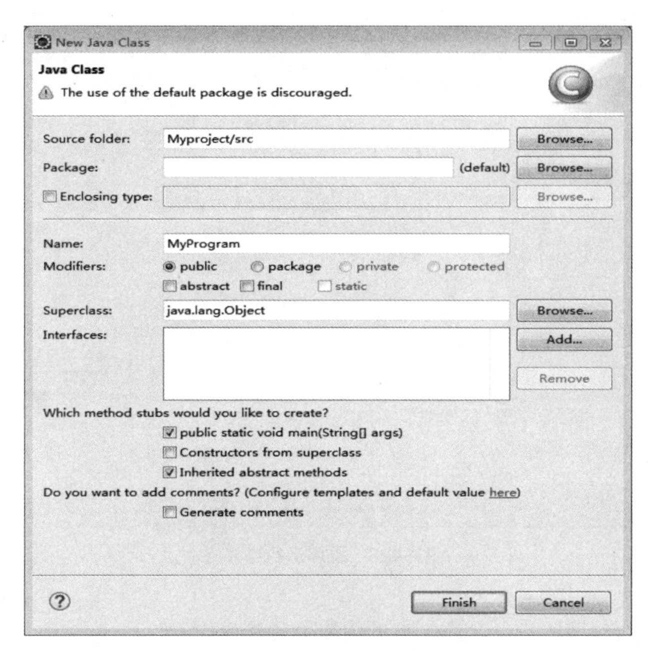

图1-24　新建Java类对话框

步骤 3　编辑代码

如图 1-25 所示，在 main( )方法内添加一行代码：

```
System.out.println("我的第一个 Java 程序");  //打印输出
```

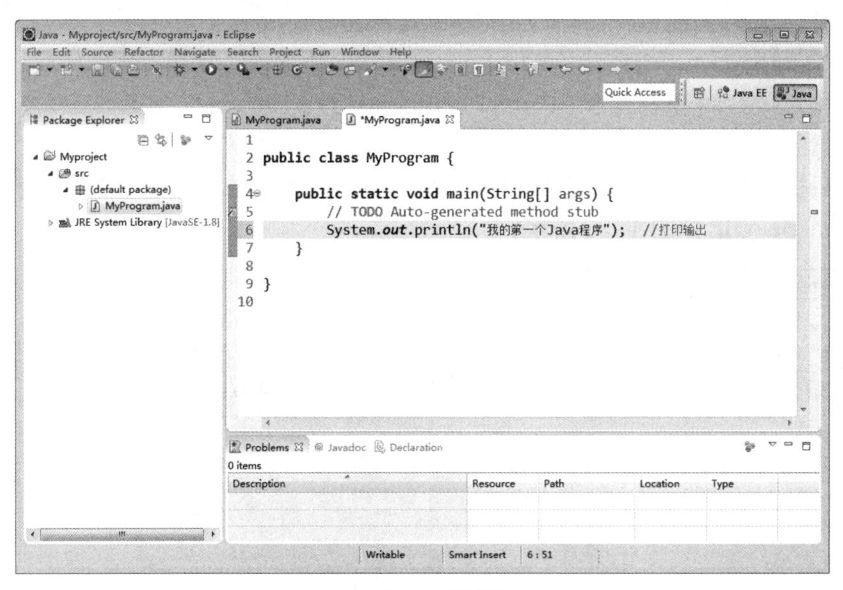

图1-25　程序源代码

步骤 4　运行

在 Eclipse 主界面菜单中选择【Run】或快捷键【Ctrl+F11】，运行结果显示在下方的控制台中，如图 1-26 显示。

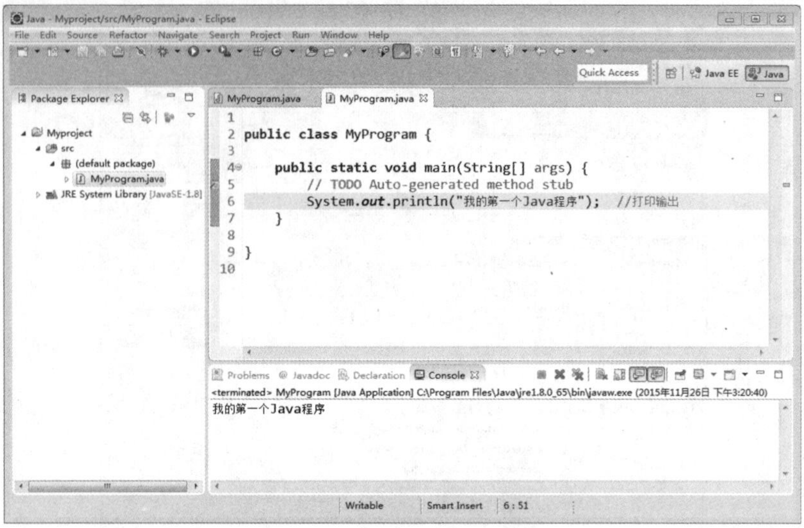

图1-26 程序运行结果

知识扩展

Java 调试常用技巧

为了能快速地检查出程序中的各种逻辑错误，Eclipse 工具与其他的集成开发工具一样，提供了调试工具。

（1）打开 Debug 透视图

Debug Perspective（透视图）是指 Eclipse 程序调试界面，由多个视图构成，如图 1-27 所示。在 Eclipse 窗口中选择命令【Open Perspective】|【Debug】，即可打开程序调试界面。

（2）设置断点

在源代码视图中设置断点。在源代码的代码行前双击，或者右键单击，在快捷键菜单中选择【Toggle Breakpoint】，如图 1-28 所示。

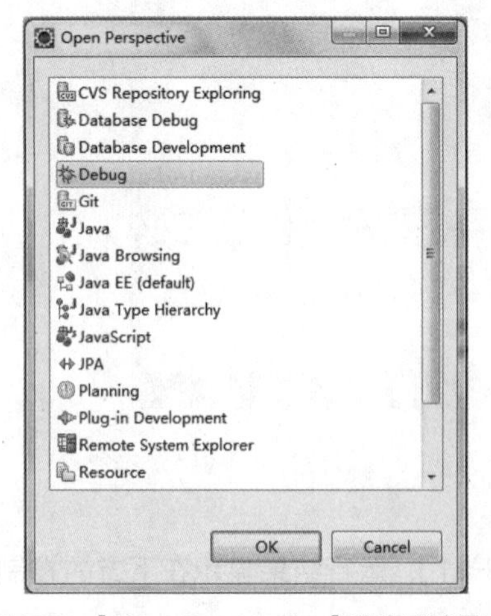

图1-27 【Open Perspective】程序调试界面

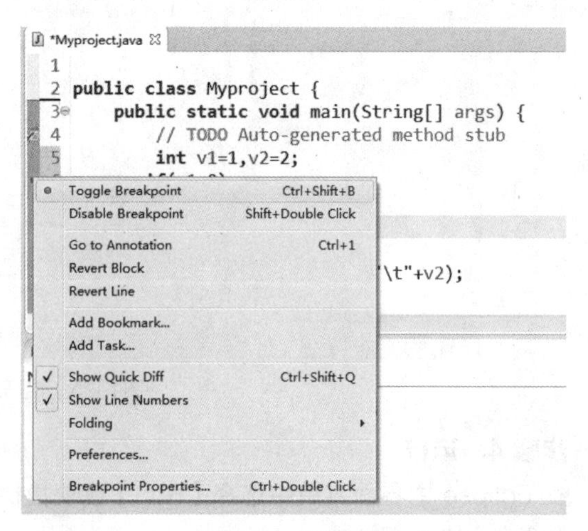

图1-28 设置断点

（3）启动程序调试

与程序运行一样，可以通过菜单、快捷键及工具栏中的选项等方式启动调试。单击工具栏中的 右边的下三角按钮，选择命令【Debug Configurations...】，在弹出的调试配置窗口中设置调试参数。程序运行到断点处会停止运行，这时可以对程序进行单步跟踪运行。

在调试界面的【Debug】视图中，单击【Step Into】按钮（或使用快捷键【F5】）、【Step Over】按钮（或使用快捷键【F6】）可对程序进行逐行或按方法调试。调试中，在窗口右边的【Variables】视图中可以观察到程序中各变量的值，如图 1-29 所示。

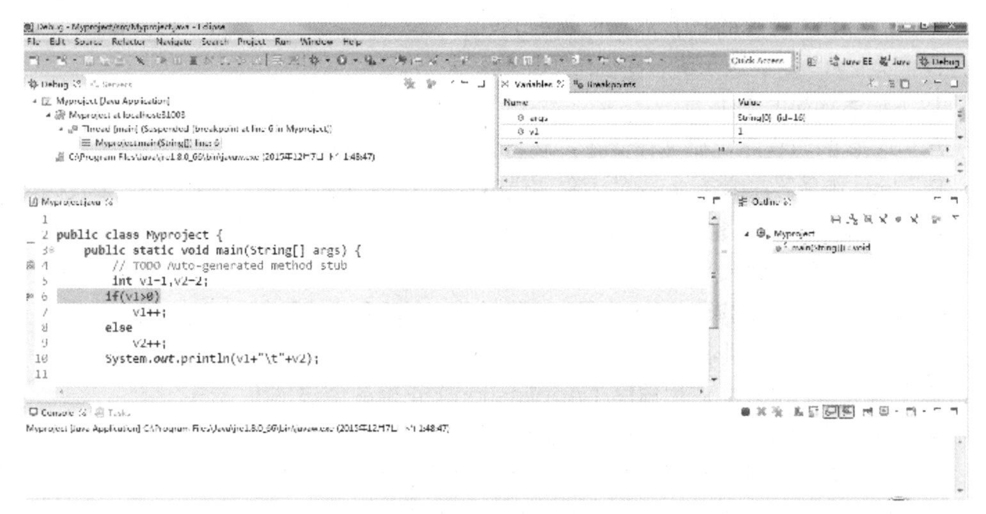

图1-29　Eclipse调试窗口

对调试过程中程序的运行状况、各变量值进行分析，查找程序逻辑错误，对程序进行相应修正，完成程序的调试。

本章小结

本章首先介绍了 Java 语言的产生背景和发展历史，介绍了 Java 语言从推出到目前的一系列版本和版本名称。Java 语言成为目前软件编程中一门非常重要的编程语言是由于其众多特点决定的，其中最主要的是其跨平台的特性，让其在互联网时代成为一门热门的语言，并在全世界有广泛的学习者和使用者。

另外，还介绍了使用 Java 语言需要的一系列操作，从 JDK 的下载、开发环境的搭建、运行时环境的搭建到测试开发环境是否搭建成功的方法。从编写第一个 Java 程序为入口，介绍了 Java 程序的结构和目前主要的集成开发环境（IDE），并对目前国内主流的开发工具 Eclipse 的使用进行了介绍。

Java 程序的编译和执行分别使用了 JDK 中提供了两个工具 javac.exe 和 java.exe，经过编译之后生成.class 字节码文件，然后通过 java.exe 命令去执行。

习题练习

一、选择题

1. 以下对 Java 语言不正确的描述是（　　）。

A. Java 语言是一个完全面向对象的语言。
B. Java 是结构中立与平台无关的语言。
C. Java 是一种编译性语言。
D. Java 是一种解释性语言。

2. 以下说法正确的是（ ）。
A. Java 程序文件名必须和程序文件中定义的类名一致。
B. Java 程序文件名可以和程序文件中定义的类名不一致。
C. Java 源程序文件的扩展名必须是.java。
D. 以上 A、C 说法正确，B 说法不正确。

3. 以下描述错误的是（ ）。
A. Java 的源程序代码被存储在扩展名为.java 的文件中。
B. Java 编译器在编译 Java 的源程序代码后，自动生成扩展名为.class 的字节代码类文件。
C. Java 编译器在编译 Java 的源程序代码后，自动生成的字节代码文件名和类名相同，扩展名为.class。
D. Java 编译器在编译 Java 的源程序代码后，自动生成扩展名为.class 的字节代码文件，其名字可以和类名不同。

4. 以下有关运行 Java 应用程序（Application）正确的说法是（ ）。
A. Java 应用程序由 Java 编译器解释执行。
B. Java 应用程序经编译后生成的字节代码可由 Java 虚拟机解释执行。
C. Java 应用程序经编译后可直接在操作系统下运行。
D. Java 应用程序经编译后可直接在浏览器中运行。

5. 以下有关运行 Java 小应用程序（Applet）正确的说法是（ ）。
A. Java 小应用程序由 Java 编译器编译后解释执行。
B. Java 小应用程序经编译后生成的字节代码可由 Java 虚拟机解释执行。
C. Java 小应用程序经编译后可直接在操作系统下运行。
D. Java 应用程序经编译后生成的字节代码，可嵌入网页文件中由 Java 使用的浏览器解释执行。

二、问答题

1. Java 语言有哪些特点?
2. 如何建立和运行 Java 程序?
3. Java 的运行平台是什么?
4. 何为字节代码，其优点是什么?
5. Java 程序有哪些几种类型?

三、实训题

1. 模仿本章 Java 应用程序的例子，使用开发工具编辑、编译、运行 Java 应用程序。
2. 模仿本章 Java 小应用程序的例子，使用开发工具编辑、编译、运行 Java 小应用程序。

2 Chapter

第 2 章
Java 基础语法

Java

学习目标

- 掌握 Java 标识符的构成和命名规则
- 了解 Java 中的 8 种基本数据类型
- 掌握 Java 中各运算符的使用以及优先级
- 掌握变量和常量的定义和使用
- 掌握 Java 流程控制语句的使用

Java 编程需要掌握一系列的最基本的语法，在本章中会进行介绍。程序中必须要有数据的支持，包括基本数据类型和引用数据类型。基本数据类型又可分为常量和变量，数据之间的运算需要使用控制符。程序的执行顺序分为顺序、选择和循环结构，需要使用流程控制语句加以控制。

2.1 用户标识符与保留字

2.1.1 用户标识符

用户标识符是程序员对程序中的各个元素加以命名时使用的命名记号。

在 Java 语言中，标识符是以字母、下划线（_）或美元符（$）开始，后面可以跟字母、下划线、美元符和数字的一个字符序列。例如：userName，User_Name，_sys_val，Name，name，$change 等为合法的标识符；而 3mail，room#，#class 为非法的标识符。

注意

标识符中的字符是区分大小写的。例如，Name 和 name 被认为是两个不同的标识符。

2.1.2 保留字

保留字是特殊的标识符，具有专门的意义和用途，不能当作用户的标识符使用。Java 语言中的保留字均用小写字母表示。表 2-1 列出了 Java 语言中的所有保留字。

表 2-1 Java 关键字和保留字

abstract	continue	for	new	switch
assert	default	goto	package	synchronized
boolean	do	if	private	this
break	double	implements	protected	throw
byte	else	import	public	throws
case	enum	instanceof	return	transient
catch	extends	int	short	try
char	final	interface	static	void
class	finally	long	strictfp	volatile
const	float	native	super	while

2.2 Java 的数据类型

Java 的数据类型可分为基本数据类型和引用数据类型。

2.2.1 基本数据类型

Java 语言预定义了 8 种基本数据类型，表 2–2 显示了这 8 种基本数据类型的标识符、位长和取值范围。Java 各种整型有固定的取数范围和字段长度，不受具体 OS 的影响，以保证 Java 程序的可移植性。

表 2-2 Java 基本数据类型

数据类型		标识符	位长	取值范围
布尔型		boolean	1	true, false
字符型		char	16	'\u0000' ~ '\uffff'
整型	字节型	byte	8	–128 ~ 127
	短整型	short	16	–32768 ~ 32767
	整型	int	32	–2147483648 ~ 2147483647
	长整型	long	64	–9223372036854775808 ~ 9223372036854775807
实型	浮点型	float	32	1.4E–45 ~ 3.402823 5E+38
	双精度型	double	64	4.9E–324 ~ 1.7976931+308

布尔型数据只有 true 和 false 两个值，且它们不对应于任何整数值，经常在流程控制语句中使用。

在表示长整型常量时，需要在数字后面加上后缀 L 或者 l。

```
long  j=300L;     //把一个 long 数据类型常量赋给 long 数据类型变量 j
int  i=4L;        //错误，不能把一个 long 数据类型常量赋给 int 数据类型变量 i
double  d1=3.4d;  //在定义 double 数据类型变量，可以加后缀 D 或者 d，也可以不加
float  f=3.4F;    //在定义 float 数据类型变量时，需要在数值后面加 F 或 f
float  f1=3.4;    //默认情况下，常量值 3.4 为 double 数据类型，编译时会发生类型不匹配的错误
```

有些字符不能用正常方式表示，必须用转义字符描述。在 Java 语言中，常用转义字符见表 2–3。

表 2-3 转义字符

转义字符	代表字符
\n	换行符
\t	制表符
\b	退格符
\\	反斜线字符
\r	回车符
\'	单引号
\"	双引号

2.2.2 引用数据类型

除了 8 种基本数据类型外，Java 中的一切都是对象，引用数据类型包括类（class）、接口

类型（interface）、数组类型、枚举类型（enum）、注解类型（annotation）。之所以称为引用类型，是因为这些类型的数据在保存和使用过程中采用了“引用”的方式，这与基本数据类型的情形完全不同。

在 Java 中使用基本类型来存储语言支持的基本数据类型，这里没有采用对象，而是使用了传统的面向过程语言所采用的基本数据类型，主要是从性能方面来考虑的，因为即使最简单的数学计算，使用对象来处理也会引起一些开销，而这些开销对于数学计算是毫无必要的。但是在 Java 中，泛型类包括预定义的集合，使用的参数都是对象类型，无法直接使用这些基本数据类型，所以 Java 又提供了这些基本类型的封装器，其对应关系见表 2-4。

表 2-4 Java 基本数据类型与封装类的对应关系

基本数据类型	封装类
boolean（布尔型）	Boolean
char（字符型）	Character
byte（字节型）	Byte
short（短整型）	Short
int（整型）	Integer
long 长整型）	Long
float（浮点型）	Float
double（双精度浮点型）	Double

基本数据类型与其对应的封装类的本质不同，因此具有一些区别：

① 基本数据类型只能按值传递，而封装类按引用传递。

② 基本数据类型在堆栈中创建；而对于对象类型，对象在堆中创建，对象的引用在堆栈中创建。基本数据类型由于在堆栈中，效率会比较高，但是可能会存在内存泄漏的问题。

2.2.3 Java 数据类型的转换

Java 基本数据类型由低级到高级分别为：

（byte、short、char）→int→long→float→double

此处的“级别”是指表示值的范围的大小。

（1）低级到高级的自动类型转换

低级类型可直接转换成高级类型。例如：

```
byte b;
int i=b;
long l=b;
float f=b;
double d=b;
```

如果低级类型为 char 型，向高级类型（整型）转换时，会先转换为对应 ASCII 码值，再进行其他类型的自动转换。

对于 byte、short、char 三种类型而言，它们是平级的，因此不能相互自动转换，可以使用下述的强制类型转换。例如：

```
short i=99;
char c=(char)i;
System.out.println("output:"+c);
```

（2）高级到低级的强制类型转换

高级到低级的强制类型转换的规则是从存储范围大的类型到存储范围小的类型。

具体规则为：

double→float→long→int→short(char)→byte

语法格式为：

```
(转换到的类型) 需要转换的值
```

示例代码：

```
double d = 3.10;
int n = (int)d;
```

这种转换可能会导致溢出或丢失精度，因此不推荐使用该转换，而是采用封装器来实现。

（3）封装类与基本数据类型之间的转换

简单类型的变量转换为相应的封装类，可以利用封装类的构造函数。即：Boolean(boolean value)、Character(char value)、Integer(int value)、Long(long value)、Float(float value)、Double(double value)，而在各个包装类中，总有形为××Value()的方法，来得到其对应的简单类型数据。例如：

```
double d=123.5;
Double D=new Double(d);
int i=D1.intValue();
```

（4）其他类型向字符串的转换

① 用类的串转换方法：X.toString();。

② 自动转换：X+"";。

③ 使用 String 的方法：String.valueOf(X);。

例如：

```
Double d=123.5;
String s1=d.toString();
String s2=d+"";
String s3=String.valueOf(d);
```

（5）字符串类型向其他类型的转换

① 先转换成相应的封装器实例，再调用对应的方法转换成其他类型。

```
String s="123";
int i = Integer.valueOf(s).intValue();
```

② 静态 parseXXX 方法。

```
String s="123";
int i = Integer.parseInt(s);
```

提示

Integer.parseIn 和 Integer.valueOf 不同，前者生成的是整型，而后者是一个对象，所以要通过 intValue()来获得对象的值。

2.3 常量与变量

在程序中存在大量的代表程序状态的数据，其中有些数据在程序的运行过程中值会发生改变，有些数据在程序运行过程中值不能发生改变，这两种数据在程序中分别被叫作变量和常量。

在实际的程序中，可以根据数据在程序运行中是否发生改变，来选择应该是使用变量还是常量。

2.3.1 变量

变量是内存中的一块存储单元，用来临时存储数据，它代表程序的状态。程序通过改变变量的值来改变整个程序的状态，或者说得更大一些，也就是实现程序的功能逻辑。

为了方便地引用变量的值，在程序中需要为变量设定一个名称，这就是变量名。例如在 2D 游戏程序中，需要代表人物的位置，则需要两个变量，一个是 x 坐标，一个是 y 坐标，在程序运行过程中，这两个变量的值会发生改变。

变量的 4 个要素为：变量名、数据类型、变量值、作用域。

由于 Java 语言是一种强类型的语言，所以变量在使用以前必须先声明，在程序中声明变量的语法格式如下：

```
数据类型 变量名称;
```

例如：

```
int  x;
```

在该语法格式中，数据类型可以是 Java 语言中任意的类型，包括前面介绍的基本数据类型以及后续将要介绍的复合数据类型。变量名称是该变量的标识符，需要符合标识符的命名规则。在实际使用中，该名称一般和变量的用途对应，这样便于程序的阅读。数据类型和变量名称之间使用空格进行间隔，空格的个数不限，但是至少需要 1 个。语句使用“;”作为结束。

也可以在声明变量的同时设定该变量的值，语法格式如下：

```
数据类型 变量名称=值;
```

例如：

```
int  x=10;
```

在该语法格式中，前面的语法和上面介绍的内容一致，后面的“=”代表赋值，其中的“值”代表具体的数据，注意区分“==”代表判断是否相等。在该语法格式中，要求值的类型需要和声明变量的数据类型一致。

在程序中，变量的值代表程序的状态，在程序中可以通过变量名称来引用变量中存储的值，也可以为变量重新赋值。例如：

```
int  x=10;
x=20;
```

在实际开发过程中，需要声明的变量类型、变量数量和变量的值都根据程序逻辑决定，这里列举的只是表达的格式而已。

2.3.2 常量

常量代表程序运行过程中不能改变的值。

常量在程序运行过程中主要有 2 个作用：

① 代表常数，便于程序的修改（如圆周率的值）；

② 增强程序的可读性（例如，常量 UP、DOWN、LEFT 和 RIGHT 分辨代表上、下、左和右，其数值分别是 1、2、3 和 4）。

常量的语法格式只需要在变量的语法格式前面添加关键字 final 即可。在 Java 编码规范中，要求常量名必须大写。

常量的语法格式如下：

```
final 数据类型 常量名称=值;
final 数据类型 常量名称 1 = 值 1, 常量名称 2 = 值 2, …, 常量名称 n = 值 n;
```

例如：

```
final double PI=3.14;
final char MALE='M',FEMALE='F';
```

在 Java 语法中，常量也可以先声明，然后再进行赋值，但是只能赋值一次，示例代码如下：

```
final int X;
X=1;
```

2.4 运算符

运算符，也被称为操作符，用于对数据进行计算和处理，或改变特定对象的值。运算符按照操作数的数目来分类，可以分为一元运算符（如++、--）、二元运算符（如+、<=）和三元运算符（如?:）。按照运算符对数据的操作结果分类，可以分为算术运算符、赋值运算符、关系运算符、逻辑运算符和位运算符。

2.4.1 算术运算符

算数运算符用于实现数学运算。Java 定义的算术运算符见表 2-5。

表 2-5 Java 的算术运算符

算术运算符	名称	例子
+	加	a+b
-	减	a-b
*	乘	a*b
/	除	a/b

续表

算术运算符	名称	例子
%	取模运算（给出运算的余数）	a%b
++	自增	a++或++a
--	自减	a--或--a

算术运算符的操作数必须是数值类型。Java 中的算术运算符与 C/C++中的不同，不能用在 boolean 类型上，但仍然可以用在 char 类型上，因为 Java 中的 char 类型实质上是 int 类型的一个子集。

Java 借鉴了 C/C++的实现方式，也使用了自增运算符和自减运算符。n++将变量 n 的当前值加 1；n--将 n 的值减 1。

注意，++、--运算符是一元运算符，其操作数必须是整型或实型变量，它们对操作数执行加 1 或减 1 操作。

实际上，这两个运算符有两种形式。上面介绍的是运算符放在后面的“后缀”形式，还有一种“前缀”形式（++n），这两种形式都是对变量值加 1。但在表达式中，这两种形式就有区别了。“前缀”形式（++n）表示先将变量的值加（减）1，然后再返回变量的值，而“后缀”形式（n++）则表示先返回变量的值，然后再对变量加（减）1。这里初学者常弄不清楚，我们只要记住，无论是“前缀”形式还是“后缀”形式，变量本身都是要加（减）1 的，不同的是先返回值还是后返回值。

例 2-1 演示了自增运算符两种形式的使用。

例 2-1：

```
int m = 7;
int n = 7;
int a = 2 * ++m;  // 执行完该语句后，a=16，m=8
int b = 2 * n--;  // 执行完该语句后，b=14，n=6
```

在早期的一次 Java 演讲中，Bill Joy（Java 创始人之一）声称“Java=C++--”，表示 Java 已经去除了 C++一些没来由的折磨人的地方，形成一种更精简的语言。正如大家会在这本书中学到的那样，Java 的许多地方都已简化，所以学习 Java 比 C++更容易。

例 2-2 演示算术运算符的用法。

例 2-2：

```
/**
* @(#) ArithmeticOperation.java
* 这段程序演示算术运算符的用法
 */
public class ArithmeticOperation {
  /**
   * 这是main 方法
   * @param args 传递至main 方法的参数
   */
    public static void main(String[] args) {
      /* 变量声明*/
```

```
        int num = 5, num1 = 12, num2 = 20, result;
        double value1 = 25.75, value2 = 14.25, res;

        result = num + num1;        // 相加
        System.out.println("num和num1的和(num + num1): " + result);

        res = value1 - value2;      // 相减
      System.out.println("value1和value2的差(value1 - value2): " + res);

        res = value2 * num;         // 相乘
        System.out.println("value2与num的积(value2 * num): " + res);

        result = num1 / num;        // 相除
        System.out.println("num1与num的商(num1 / num): " + result);

        result = num2 % num1;       // 取模
        System.out.println("num2对num1取模的结果(num2 % num1): " + result);

        System.out.println("在++运算之前num的值为: " + num++);
        System.out.println("在++运算之后num的值为: " + num);

        System.out.println("在--运算之前res的值为: " + res--);
        System.out.println("在--运算之后res的值为: " + res);
    }
}
```

例 2-2 的输出结果：

```
num和num1的和<num+num1>:17
value1和value2的差<value1-value2>:11.5
value2与num的积<value2*num>:71.25
num1与num的商<num1/num>:2
num2对num1取模的结果<num2%num1>:8
在++运算之前num的值为:5
在++运算之后num的值为:6
在--运算之前res的值为:71.25
在--运算之后res的值为:70.25
```

2.4.2 赋值运算符

赋值是用等号运算符（=）进行的。它的意思是“取得右边的值，把它复制到左边”。右边的值可以是任何常数、变量或者表达式，只要能产生一个值就行。但左边必须是一个明确的、已命名的变量。也就是说，它必须有一个物理性的空间来保存右边的值。举个例子来说，可将一个常数赋给一个变量（如 a=4），但不可将任何东西赋给一个常数（如 4=a）。

对基本数据类型的赋值是非常直接的。由于基本类型容纳了实际的值，而并非指向一个引用或句柄，所以在为其赋值的时候，可将来自一个地方的内容复制到另一个地方。例如，假设 a、b 都为基本数据类型，则 a=b 使得 b 处的内容就复制到 a，若接着又修改了 a，那么 b 根本不会受这种修改的影响。

但在为对象赋值的时候，情况却发生了变化。对一个对象进行操作时，真正操作的是它的引用，所以倘若“从一个对象向另一个对象”赋值，实际上就是将引用从一个地方复制到另一个地方。例如，假若 C、D 为对象，则在 C=D 中，C 和 D 最终都会指向最初只有 D 才指向的那个对象。在 C 做了更改后，D 也会更改。这个问题之后还会详细讨论，这里仅给出一个例子供理解参考。

例 2-3：

```
/**
 * @(#) Assignment.java
 * 这段程序用于演示对象赋值
 */
public class Assignment {
/**
 * 这是 main 方法
 * @param args 传递给 main 方法的命令行参数
 */
public static void main(String[] args) {
    // 创建两个 Number 对象
        Number n1=new Number();
        Number n2=new Number();
        n1.i=9;
        n2.i=47;
        System.out.println("1: n1.i="+n1.i+", n2.i="+n2.i);
         // n1.i=9, n2.i=47
        n1=n2;  // n1 指向了 n2 指向的那个对象
        System.out.println("2: n1.i="+n1.i+", n2.i="+n2.i);
         // n1.i=47, n2.i=47;
        n1.i=27;
        System.out.println("3: n1.i="+n1.i+", n2.i="+n2.i);
         // n1.i=27, n2.i=27
    }
}

/**
* <code>Number</code>类只包含一个 int 型的属性
*/
class Number {
    int i;
}
```

例 2-3 的运行结果:

```
1: n1.i=9,n2.i=47
2: n1.i=47,n2.i=47
3: n1.i=27,n2.i=27
```

另外，Java 也可用一种简写形式的运算符，在进行算术运算的同时进行赋值操作，称为算术赋值运算符。算术赋值运算符由一个算术运算符和一个赋值符号构成，即

```
+=、-=、*=、/=、%=
```

例如，为了将 4 加到变量 x，并将结果赋给 x，可用 x+=4，它等价于 x=x+4。又如 x+=2-y 等价于 x=x+(2-y)，x*=2-y 等价于 x=x*(2-y)。

2.4.3 关系运算符

关系运算符用于测试两个操作数之间的关系，形成关系表达式。关系表达式将返回一个布尔值。它们多用在控制结构的判断条件中。Java 定义的关系运算符见表 2-6。

表 2-6 Java 的关系运算符

关系运算符	名称	说明
==	等于	检查两个数的相等性，即如果 a 和 b 中的值相等，则 if（a = = b）的返回值将为 true
!=	不等于	检查值的不等性，即如果 a 和 b 中的值不相同，则 if（a! =b）的返回值将为 true
>	大于	检查左边的值是否大于右边的值。例如，5>3 返回 true，而 5>5 将返回 false
<	小于	检查左边的值是否小于右边的值。例如，3<5 返回 true，而 5<5 将返回 false
>=	大于等于	检查左边的值是否大于或等于右边的值。例如，5>=3 返回 true，而 5>=5 也返回 true
<=	小于等于	检查左边的值是否小于或等于右边的值。例如，3<=5 返回 true，而 5<=5 也返回 true

要注意的是，对浮点数值的比较是非常严格的。即使一个数值仅在小数部分与另一个数值存在极微小的差异，仍然认为它们是“不相等”的；即使一个数值只比零大一点点，它仍然属于“非零”值。因此，通常不在两个浮点数值之间进行“等于”的比较。

2.4.4 逻辑运算符

逻辑运算符用来进行逻辑运算。Java 沿用了 C++的习惯，用&&表示逻辑“与”、用||表示逻辑“或”，用!表示逻辑“非”。Java 定义的逻辑运算符见表 2-7。

表 2-7 Java 的逻辑运算符

<table>
<tr><th>关系运算符</th><th>用法</th><th>说明</th></tr>
<tr><td>&&</td><td>exp1 && exp2</td><td>逻辑与（按短路方式计算）。如果 exp1 和 exp2 都是 true，则整个表达式的值为 true，否则为 false；当 exp1 为 false 时，不会计算 exp2</td></tr>
<tr><td>||</td><td>exp1 || exp2</td><td>逻辑或（按短路方式计算）。如果 exp1 和 exp2 都是 false，则整个表达式的值为 false，否则为 true；当 exp1 为 true 时，不会计算 exp2</td></tr>
<tr><td>!</td><td>! exp</td><td>逻辑非。如果 exp 是 false，则表达式的值为 true</td></tr>
</table>

&&和||是按照“短路”方式求值的。如果第一个操作数已经能够确定值，第二个操作数就不必计算了。如果用&&对两个表达式进行计算：

```
expression 1 && expression 2
```

并且第一个表达式值为 false，那么结果不可能为 true。因此，第二个表达式就没有必要计算了。这个方式可以避免一些错误的发生。例如，表达式：

```
x!=0 && 1/x>x+y   // 保证不被 0 除
```

当 x 为 0 时，不计算第二部分，因此 1/x 不被计算，也不会出现除以 0 的错误。

与之类似，对于 expression 1 || expression 2，当第一个表达式为 true 时，结果自动为 true，不必再计算第二个表达式。

2.4.5 三元运算符

三元运算符（? :）又称为条件运算符，可以用来替代 if-else 结构。但它确实属于运算符的一种，因为它最终也会生成一个值，这与本章后面要讲述的普通 if-else 语句是不同的。表达式采取下述形式：

```
Condition ? expression 1 : expression 2
条件式？成立返回值：失败返回值
```

当条件为 true 时，计算第一个表达式，而且它的结果作为最终运算符产生的值；否则计算第二个表达式，并把它的结果作为最终运算符产生的值。

2.4.6 运算符的优先级

在一个表达式中往往存在多个运算符，此时表达式是按照各个运算符的优先级从左到右运行的。也就是说在一个表达式中，优先级高的运算符首先执行，然后是优先级较低的运算符，对于同优先级的运算符要按照它们的结合性来决定。运算符的结合性决定它们是从左到右计算（左结合性）还是从右到左计算（右结合性）。左结合性很好理解，因为大部分的运算符都是从左到右计算的。需要注意的是右结合性的运算符，主要有 3 类：赋值运算符（如=、+=等）、一元运算符（如++、!等）和三元运算符（即条件运算符）。运算符具体的优先级顺序见表 2-8。

表 2-8　Java 中运算符的优先级

优先级	运算符	名称
1	()	括号
2	[]、.	后缀运算符
3	-（一元运算符，取负数）、!、~、++、--	一元运算符
4	*、/、%	乘、除、取模
5	+、-	加、减
6	>>、<<、>>>	移位运算符
7	>、<、>=、<=、instanceof	关系运算符
8	==、!=	等于、不等于
9	&	按位与
10	^	按位异或
11	|	按位或
12	&&	逻辑与
13	||	逻辑或
14	? :	条件运算符
15	=、+=、-=、*=、/=、%=	（算术）赋值运算符

同一个级别的运算符按照从左到右的次序进行计算（除了条件运算符和赋值运算符）。例如，由于&&的优先级比||的优先级高，所以表达式

```
a && b || c
```

先计算 a&&b，然后再将其结果和 c 进行或运算。

从表 2-8 中可以看到，括号具有最高的优先级。因此，可以通过括号来改变运算符的优先级次序。因此，

```
a && (b || c)
```

先计算 b||c，然后在将其结果和 a 进行与运算。

2.5 控制流语句

程序控制可以定义为对程序语句的执行顺序进行规定。到目前为止，前文示例中的程序大部分是顺序执行的。然而，通常情况都要求提供语句执行的选择步骤。这里将学习各种选择语句。

2.5.1 选择语句

选择语句又称为条件语句，Java 中有两种选择语句：if 语句和 switch 语句。

（1）if 语句

if 语句包括 if-else 语句都是用来构成分支结构的。if 语句存在两种基本形式，每种形式都需要使用逻辑表达式作为条件。在大多数情况下，一个 if 语句往往需要执行多条代码，这就需要一对花括号将它们括起来，建议即使在只有一条语句时也这样做，因为这会使程序更容易阅读。if 语句的 3 种基本形式的语法如下：

```
// 第一种形式：简单 if 语句
if (condition) {
    statements;
}

// 第二种形式：if-else 语句
if(condition) {
    statements;
} else {
    statements;
}
// 第三种形式：if- else if -else 语句
if(condition) {
    statements;
}
else  if (condition) {
    statements;
}
else{
    statements;
}
```

if 或 if-else 语句中的语句是任意合法的 Java 语句——可以嵌套其他 if 或 if-else 语句。内层的 if 语句称为嵌套在外层 if 语句中。内层 if 语句又可以包含另一个 if 语句，事实上，嵌套的深度没有限制。例 2-4 给出了一个嵌套 if 语句的范例。

例 2-4：

```
/**
* 这段程序用于演示 if-else 语句的使用
*/
public class ExamGrade {
/**
 * 这是 main 方法
 * @param args 传递给 main 方法的命令行参数
 */
    public static void main(String[] args) {
        char grade; // 等级
        int score = 72; // 分数

        /* 使用嵌套 if-else 判断分数的等级 */
        if (score >= 90) {
            grade = 'A';
        } else if (score >= 80) {
            grade = 'B';
        } else if (score >= 70) {
            grade = 'C';
        } else if (score >= 60) {
            grade = 'D';
        } else {
            grade = 'E';
        }
        System.out.println("You ranked " + grade + " in the class.");
    }
}
```

例 2-4 利用 if 语句嵌套实现多重选择。程序根据分数 score 给变量 grade 赋值一个等级。这个 if 语句的执行过程如下：测试第一个条件（score>=90.0），若真，级别为 A；若假，测试第二个条件（score>=80.0），若第二个条件真，级别为 B；若假，继续测试第三个和其余条件（如果有必要），直到遇到满足的条件或所有条件都为假。若所有条件都为假，级别为 E。事实上，这种多重选择使程序看起来很难阅读。下面，我们介绍另外一种选择语句——switch 语句。

（2）switch 语句

过多地使用 if 语句嵌套会使程序很难阅读。利用 switch 语句可以有效地处理多重条件，它的完整语法如下所示：

```
switch(switch-expression) {
    case value1: statements1;
             break;
    case value2: statements2;
```

```
            break;
    ...
    case valueN: statementsN;
            break;
    default:    statements-for-default;
}
```

switch 语句遵从下述规则：

① 表达式 switch-expression 必须能计算出一个 char、byte、short 或 int 类型的值，并且它必须用括号括住。

② value1，…，valueN 必须与 switch-expression 的值具有相同的数据类型。当 switch-expression 的值与 case 语句的值相匹配时，执行该 case 语句中的语句（每个 case 语句都顺序执行）。

③ 关键字 break 是可选的。break 语句终止整个 switch 语句。若 break 语句不存在，下一个 case 语句将被执行。

④ 默认情况（default）是可选的，它用来执行指定情况都不为真时的操作。默认情况总是出现在 switch 语句块的最后。

例 2-5 演示了 switch 语句的用法。

例 2-5：

```
/**
 * @(#) SwitchTest.java
* 这段程序用于演示 switch 语句的使用
*/
public class SwitchTest {
/**
 * 这是 main 方法
 * @param args 传递给 main 方法的命令行参数
 */
   public static void main(String[] args) {
      int month = 6;

      /* 根据数字判断月份 */
      switch (month) {
         case 1:  System.out.println("January");
                 break;
         case 2:  System.out.println("February");
                 break;
         case 3:  System.out.println("March");
                 break;
         case 4:  System.out.println("April");
                 break;
         case 5:  System.out.println("May");
                 break;
         case 6:  System.out.println("June");
```

```
                break;
            case 7:  System.out.println("July");
                break;
            case 8:  System.out.println("August");
                break;
            case 9:  System.out.println("September");
                break;
            case 10:  System.out.println("October");
                break;
            case 11:  System.out.println("November");
                break;
            case 12:  System.out.println("December");
                break;
            default:  System.out.println("非法数值！");
        }
    }
}
```

例 2-5 根据变量 month 的值来输出月份的英文单词，因此，程序的输出结果是：June。

学习了 switch 语句之后，前面例 2-4 演示的嵌套 if-else 语句就可以使用 switch 语句改写成更容易阅读的程序了。

例 2-6 演示了如何用 switch 语句改写例 2-4 的代码。

例 2-6：

```
/**
* 这段程序用于演示如何使用 switch 语句改写例 2-4
*/
public class ExamGrade2 {
/**
 * 这是 main 方法
 * @param args 传递给 main 方法的命令行参数
 */
   public static void main(String[] args) {
       char grade;          // 等级
       int  score=72;       // 分数

       /* 使用 switch 语句判断分数的等级 */
       switch(score/10) {
        case 10:
        case 9:  grade = 'A';
              break;
        case 8:  grade = 'B';
              break;
        case 7:  grade = 'C';
              break;
        case 6:  grade = 'D';
```

```
                break;
          default:  grade = 'E';
         }
         System.out.println("You ranked " + grade + " in the class.");
      }
   }
```

例 2-6 用 switch 语句改写了例 2-4 中使用嵌套 if-else 计算分数等级，代码量更少，而且程序看起来更简洁了。

2.5.2　实践任务——用 switch 实现菜单

步骤 1　新建项目

启动 Eclipse，新建名为“MyProject2_1”的工程。

步骤 2　新建 BorrowBook 类

右键单击项目名，在弹出的快捷菜单中选择【New】|【Class】菜单打开一个创建类的向导，输入类名 BorrowBook，单击【Finish】按钮，添加如下代码实现图书租赁系统的主菜单。

```
public class BorrowBook {
 public static void main(String[] args) {
     new BorrowBook().run();
 }
 private void run(){
        showHeader();
        showMenu();
        showFooter();
        Scanner in = new Scanner(System.in);
        int choice = in.nextInt();
        switch (choice) {
        case 1:
           rentalManage();
           break;
        case 2:
           bookManage();
           break;
        case 3:
           memberManage();
           break;
        case 4:
           bulletinBoard();
           break;
        case 0:
           cont = false;
           break;
        }
    }
    writeToFile();
```

```
    }

    private void showMenu() {
        System.out.println("\t    1.租赁管理");
        System.out.println("\t    2.图书管理");
        System.out.println("\t    3.会员管理");
        System.out.println("\t    4.公告板管理");
        System.out.println("\t    0.退出系统");
        System.out.println("\t    请选择（1-4），0 退出系统：");
    }

    private void showHeader() {
        System.out.println("\t 欢迎使用学院书屋图书租赁系统");
        System.out.println("******************************************");
    }

    private void showFooter() {
        System.out.println("******************************************");
        System.out.println("   CopyRight © 2015 http://www.hniu.cn");
    }
}
```

2.5.3 循环语句

循环是控制语句块重复执行的结构。循环中要重复执行的语句称为循环体。循环体的一次执行称为一次循环迭代。每个循环包含一个循环条件，它是控制循环体是否被继续执行的布尔表达式。每次迭代之后都要重新计算循环条件。若条件为真，重复执行循环体，若条件为假，则循环终止。

Java 提供 3 种循环语句：while 循环、do-while 循环和 for 循环。

1. while 循环

while 循环的语法如下：

```
while(循环条件) {
    // 循环体
}
```

如果循环体只有一条语句，while 循环以及其他循环中的花括号可以省略。循环条件是一个逻辑表达式，它必须放在括号中。在循环体执行前一定先计算循环条件，若条件为真，执行循环体；若条件为假，整个循环中断并且程序控制转移到 while 循环后的语句。例如，下面代码打印“Hello, world!”一百次。

```
int i = 0;
while(i < 100) {
System.out.println("Hello, world!");
i++;
}
```

例 2-7 演示了使用 while 循环完成从整数 1 ~ 100 的求和。

例 2-7：

```
/**
 * @(#) WhileDemo.java
 * 这段程序用于演示使用 while 循环求整数 1 到 100 的和
 */
public class WhileDemo {
 /**
  * 这是 main 方法
  * @param args 传递给 main 方法的命令行参数
  */
   public static void main(String[] args) {
      int i = 1;
      int sum = 0;

      while(i<=100) {
       sum += i;
       ++i;
      }

      System.out.println("整数 1 到 100 的和为：" + sum);
   }
}
```

2. do-while 循环

do-while 循环是 while 循环的变体。它的语法如下：

```
do {
   // 循环体
} while(循环条件);    // 注意：忘记分号是经常出现的错误
```

do-while 循环先执行循环体，再计算循环条件，若计算结果为真，再执行循环体；若为假，则终止 do-while 循环。while 循环与 do-while 循环的主要差别在于循环条件和循环体计算顺序不同。do-while 循环中的循环体至少被执行一次。

例 2-8 演示了使用 do-while 循环求整数 1 ~ 100 的和。

例 2-8：

```
/**
 * @(#) DoWhileDemo.java
 * 这段程序用于演示使用 do-while 循环求整数 1 到 100 的和
 */
public class DoWhileDemo {
 /**
  * 这是 main 方法
  * @param args 传递给 main 方法的命令行参数
  */
   public static void main(String[] args) {
      int i = 1;
```

```
        int sum = 0;

        do {
         sum += i;
         ++i;
        } while(i<=100);

        System.out.println("整数 1 到 100 的和为：" + sum);
    }
}
```

3. for 循环

for 循环语句是支持迭代的一种通用结构，使用每次迭代之后更新的计数器或类似的变量来控制迭代次数。它的语法如下：

```
for (initial-expression; continue-condition; step) {
    // 循环体
}
```

for 循环括号中的 3 个控制元素必须由分号分开，用于控制循环体的执行次数和终止条件。

例 2-9 演示了使用 for 循环求整数 1 ~ 100 的和。

例 2-9：

```
/**
 * @(#) ForDemo.java
 * 这段程序用于演示使用 for 循环求整数 1 到 100 的和
 */
public class ForDemo {
 /**
  * 这是 main 方法
  * @param args 传递给 main 方法的命令行参数
  */
    public static void main(String[] args) {
     int sum = 0;

     for(int i=1; i<=100; i++) {
         sum += i;
     }

        System.out.println("整数 1 到 100 的和为：" + sum);
    }
}
```

上述 3 种循环语句都支持嵌套使用，并且可以相互嵌套。

例 2-10 演示了使用嵌套 for 循环打印出数字金字塔。

例 2-10：

```
/**
 * @(#) PrintPyramid.java
```

```
 * 这段程序用于演示 for 循环语句的使用
 */
public class PrintPyramid {
/**
  * 这是 main 方法
  * @param args 传递给 main 方法的命令行参数
  */
public static void main(String args[]) {
        /* row 控制行，打印 5 层数字金字塔 */
        for(int row = 1; row <= 5; row++) {
            /* column 控制列，这个 for 循环确定打印每层多少个空格 */
            for(int column = 1; column <= 5 - row; column++) {
                System.out.print(" ");
            }

            /* 下面两个 for 循环确定第 i 层打印 i  i-1  ... 1 ... i-1 i 对称形成的数字*/
            for(int num = row; num >= 1; num--) {
                System.out.print(num);
            }

            for(int num = 2; num <= row; num++) {
                System.out.print(num);
            }

            // 换行
            System.out.println();
        }
    }
}
```

本例利用嵌套 for 循环打印下列输出：

```
    1
   212
  32123
 4321234
543212345
```

程序的输出有 5 行，每行包括 3 个部分。外层的 for 循环控制行打印。内层的第一个 for 循环控制打印数字前的空格；内层第二个 for 循环控制打印领头数，如第 3 行中的 321；内层第三个 for 循环控制打印结尾数，如第 3 行的 23。

2.5.4　跳转语句

语句 break 和 continue 可以用在循环语句中为循环提供附加控制。

- break：立刻终止包含它的最内层循环。
- continue：只结束当前迭代，将程序控制转移到循环的下一次迭代。

在 switch 语句中已经用过关键字 break。break 和 continue 也可以用在 3 种循环语句的任意一种中。

1. break 语句

在 switch 语句中，已经接触了 break 语句，通过它使程序跳出 switch 语句，而不是顺序地执行后面 case 中的程序。

在循环语句中，使用 break 语句直接跳出循环，忽略循环体的任何其他语句和循环条件测试。在循环中遇到 break 语句时，循环终止，程序从循环后面的语句继续开始执行。

与 C/C++不同，Java 中没有 goto 语句来实现任意的跳转，因为 goto 语句破坏程序的可读性，而且影响编译的优化。但 Java 可用 break 来实现 goto 语句所特有的一些优点。Java 定义了 break 语句的一种扩展形式来处理这种情况，即带标签的 break 语句。这种形式的 break 语句，不但具有普通 break 语句的跳转功能，而且可以明确地将程序控制转移到标签指定的地方。应该强调的是，尽管这种跳转在有些时候会提高程序的效率，但还是应该避免使用这种方式。带标签的 break 语句形式为：

```
break 标签名;
```

例 2-11 的代码演示了 break 语句的使用，请仔细体会它的用法。

例 2-11：

```
int x=0;
enterLoop:  // 标签
while(x < 10) {
    x++;
    System.out.println("进入循环，x 的初始值为：" + x);

    switch(x) {
        case 0:  System.out.println("进入 switch 语句，x=" + x);
              break;
        case 1:  System.out.println("进入 switch 语句，x=" + x);
              break;
        case 2:  System.out.println("进入 switch 语句，x=" + x);
              break;
        default: if(x==5) {
                    System.out.println("跳出 switch 语句和 while 循环，x=" + x);
                    break enterLoop;  // 跳出 while 循环
              }
              break;
    }

    System.out.println("跳出 switch 语句，但还在循环中，x=" + x);
}
```

输出结果如下：

```
进入循环，x 的初始值为：1
进入 switch 语句，x=1
```

```
跳出 switch 语句，但还在循环中，x=1
进入循环，x 的初始值为：2
进入 switch 语句，x=2
跳出 switch 语句，但还在循环中，x=2
进入循环，x 的初始值为：3
跳出 switch 语句，但还在循环中，x=3
进入循环，x 的初始值为：4
跳出 switch 语句，但还在循环中，x=4
进入循环，x 的初始值为：5
跳出 switch 语句和 while 循环，x=5
```

2. continue 语句

continue 语句只可能出现在循环语句（while、do-while 和 for 循环）的循环体中，作用是跳过当前循环中 continue 语句以后的剩余语句，直接执行下一次循环。同 break 语句一样，continue 语句也可以跳转到一个标签处。请看例 2-12，注意其中 continue 语句与 break 语句在循环中的区别。

例 2-12：

```
/**
 * @(#) LabeledWhile.java
 * 这段程序用于演示 continue 和 break 语句的使用
 */
public class LabeledWhile {
/**
  * 这是 main 方法
  * @param args 传递给 main 方法的命令行参数
  */
    public static void main(String[] args) {
        int i = 0;

        outer:    // 标签
        while(true) {
            System.out.println("Outer while loop");
            while(true) {
                i++;
                System.out.println("i = " + i);
                if(i==1) {
                    System.out.println("continue");
                    continue;
                }
                if(i==3) {
                    System.out.println("continue outer");
                    continue outer;
                }
                if(i==5) {
                    System.out.println("break");
```

```
                        break;
                    }
                    if(i==7) {
                        System.out.println("break outer");
                        break outer;
                    }
                }
            }
        }
    }
```

程序运行结果如下：

```
Outer while loop
i = 1
continue
i = 2
i = 3
continue outer
Outer while loop
i = 4
i = 5
break
Outer while loop
i = 6
i = 7
break outer
```

通过这个例子可以清楚地看到：在没有标签时，continue 语句只是跳过了一次循环；而 break 语句跳过了整个循环。当循环中有标签时，带有标签的 continue 会到达标签的位置，并重新进入紧接在那个标签后面的循环；而带标签的 break 会中断当前循环，并移到由那个标签指示的循环的末尾。

2.6 信息的输入与输出

2.6.1 控制台简介

控制台（Console）是一个用来提供字符模式 I/O 的接口，这种处理器独立的机制使导入一个存在的字符模式程序或创建一个新的字符模式工具和程序变得容易。

控制由输入缓冲区和 1 个或多个屏幕缓冲区组成，由操作系统提供的一个字符窗口界面（默认一般为 25 行宽 × 80 列高、黑底白字），用于实现系统和用户的交互，接收用户输入的数据并显示输出结果。

即使在图形用户界面占统治地位的今天，控制台输出仍旧在 Java 程序中占有重要地位。控制台不仅是 Java 程序默认的堆栈跟踪和错误信息输出窗口，而且还是一种实用的调试工具。然而，控制台窗口有许多局限。例如在 Windows 9x 平台上，DOS 控制台只能容纳 50 行输出。如果 Java 程序一次性向控制台输出大量内容，要查看这些内容就很困难了。

2.6.2 控制台输入

Java 中读取控制台输入的方法较复杂，一般先以行为单位将控制台输入统统作为字符串接收，再进行解析，转化为整型等，相关知识在后续章节介绍。

在 Java 1.5 之后，提供了 Scanner 这个类，可以很方便地从控制台读取内容，Scanner 类位于 java.util 包中，专门用于控制台输入，在使用之前首先需要导入这个包的类。

Scanner 类的常用方法见表 2-9。

表 2-9 Scanner 类常用方法

方法	封装器类
public Scanner(InputStream source)	构造一个新的 Scanner，它生成的值是从指定的输入流扫描的
public next(String pattern)	读取下一个字符串，以空格符或换行符作为分隔字符串的标记
public int nextInt(String pattern)	读取一个整数，如输入的下一个字符串不能解析为有效的整数则出错
public double nextDouble(String pattern)	读取一个双精度浮点数，如输入的下一个字符串不能解析为有效的浮点数则出错
public boolean nextBoolean (String pattern)	读取一个布尔值，如输入的下一个字符串不能解析为有效的布尔值则出错

2.6.3 格式化输出

前面使用 System.out.println( )方法实现输出单个数据到控制台并换行，也可用 System.out.printf()方法实现输出单个数据到控制台但不换行，能够提供增强的格式化输出，其格式为：

```
System.out.printf("输出格式",输出数据列表);
```

其中“输出格式”是一个字符串，格式为：

```
%[<参数索引>][<控制标记>][<宽度>][.<精度>]<转换符>
```

转换符用于标记格式说明符的结尾且指定将被格式化数据的类型，常用控制标记见表 2-10。

表 2-10 常用控制标记

转换符	对应数据类型	数据举例
d	十进制整数	159
x	十六进制整数	9f
o	八进制整数	237
f	定点浮点数	15.9
e	指数浮点数	1.59e+01
a	十六进制浮点数	0x1.fccdp3
s	字符串	Hello
c	字符	H
b	布尔型	true
h	散列码	42628b2
%	百分号	%
n	分隔符	

在 printf 函数中，可以使用多个标志，如：

```
System.out.printf("%,.2f", 10000.0 / 3.0);
```

输出结果为：

```
3,333.33
```

printf 的标志见表 2-11。

表 2-11　printf 标志

标志	目的	举例
+	打印数字前的符号	+3333.33
space	在正数之前加空格	| 3333.33|
0	在数字前补 0	003333.33
-	左对齐	|3333.33 |
(	负数括在括号内	(3333.33)
,	添加分组分隔符	3,333.33
# (for f)	包含小数点	3,333.
# (for x or o)	添加前缀 0x 或 0	0xcafe
^	转化为大写	0XCAFE
$	指定格式化参数索引，如%1$d,%1$d 表示以十进制和十六进制打印第一个参数	159 9F
<	格式化前面参数，如%d%<x 表示以十进制和十六进制打印同一个参数	159 9F

例 2-13：

```
double d = 345.678;
String s = "hello!";
int i = 1234;
//"%"表示进行格式化输出，"%"之后的内容为格式的定义。
System.out.printf("%f",d);//"f"表示格式化输出浮点数。
System.out.printf("%9.2f",d);//"9.2"中的 9 表示输出的长度，2 表示小数点后的位数。
System.out.printf("%+9.2f",d);//"+"表示输出的数带正负号。
System.out.printf("%-9.4f",d);//"-"表示输出的数左对齐（默认为右对齐）。
System.out.printf("%+-9.3f",d);//"+-"表示输出的数带正负号且左对齐。
System.out.printf("%d",i);//"d"表示输出十进制整数。
System.out.printf("%o",i);//"o"表示输出八进制整数。
System.out.printf("%x",i);//"x"表示输出十六进制整数。
System.out.printf("%#x",i);//"#x"表示输出带有十六进制标志的整数。
System.out.printf("%s",s);//"s"表示输出字符串。
System.out.printf("输出一个浮点数：%f，一个整数：%d，一个字符串：%s",d,i,s);//可
以输出多个变量，注意顺序。
System.out.printf("字符串：%2$s,%1$d 的十六进制数：%1$#x",i,s);//"X$"表示第几个变量。
```

例 2-14：

```
import java.util.Scanner;
public class Myproject {
```

```
public static void main(String[] args) {
// TODO Auto-generated method stub
    Book b=new Book();
    Scanner s=new Scanner(System.in);
    System.out.print("请输入书名：");
    String name=s.nextLine();
    b.SetName(name);
    System.out.print("请输入作者：");
    String author=s.nextLine();
     b.SetAuthor(author);
     System.out.print("请输入出版社：");
     String publisher=s.nextLine();
     b.SetPublisher(publisher);
     System.out.print("请输入价格：");
     float price=s.nextFloat();
     b.SetPrice(price);
     System.out.printf("%s\t%s\t%s\t%7.2f",name,author, publisher,price);
 }
 }
```

运行结果如下：

```
请输入书名：C语言程序设计↙
请输入作者：谭浩强↙
请输入出版社：清华大学出版社↙
请输入价格：38.1↙
C语言程序设计     谭浩强     清华大学出版社     38.10
```

2.6.4 实践任务——循环选择菜单项

步骤1 新建名为“MyProject2_2”的工程

步骤2 在RentBook.java中实现一个图书租赁系统的菜单界面

```
private void bookManage(){
    boolean cont = true; // 是否继续
    Scanner in = new Scanner(System.in);
    while (cont) {
        // 二级菜单 ?
        System.out.println("\t    1.添加图书");
        System.out.println("\t    2.删除图书");
        System.out.println("\t    3.修改图书");
        System.out.println("\t    4.查找图书");
        System.out.println("\t    5.显示全部图书");
        System.out.println("\t    0.返回上级菜单");
        System.out.print("\t    请选择（1-5），0 返回上级菜单：");
        int choice = in.nextInt();
            switch (choice) {
        // 图书信息包括：
        // 图书编号，书名，作者，出版社，价格，图书类别，数量
```

```
        case 1: // 添加图书
            System.out.println("添加图书");
            break;
        case 2: // 删除图书
             System.out.println("删除图书");
            break;
        case 3: // 修改
            System.out.println("删除图书");
            break;
        case 4:
            // 1.书籍名称 2.书籍类别
            System.out.println("\t    1.按书名查询");
            System.out.println("\t    2.按书籍类别查询");
            System.out.print("\t    请选择（1-2）：");
            choice = in.nextInt();
            switch (choice) {
            case 1:
                System.out.print("请输入书名：");
                System.out.println("按书名查询");
                } else {
                    System.out.println("该图书不存在，请检查后重新输入。");
                }
                break;
            case 2:
                // 输入查找条件
            System.out.print("请选择图书类别（1-普通图书 2-计算机图书 3-新书）：");
                }
              else {
                    System.out.println("该类图书不存在，请检查后重新输入。");
                }
                break;
            }
            break;
        case 5:
                System.out.println("显示所有图书。");          break;
        case 0:
            cont = false;
            break;
        }
    }
}
```

本章小结

本章简要介绍了 Java 程序中的基本量：标识符、数据类型、运算符及表达式，它们是程序设计的基础，应该掌握它们并能熟练地应用。

数据类型可分为基本数据类型和引用数据类型两种，本章介绍了基本数据类型，引用数据类型将在后边的章节中介绍。

本章的重点：标识符的命名规则、变量和常量的定义及使用、运算符及表达式、不同数据类型值之间的相互转换规则、运算式子中的运算规则（按运算符的优先级顺序从高向低进行，同级的运算符则按从左到右的方向进行）。

Java 程序的控制语句控制程序代码的执行流程，程序的执行流程分为：顺序结构、选择结构和循环结构，通过使用 if、for 等语句和 break、continue 等跳转语句控制程序的执行流程。

Java 程序运行后可以在控制台中显示运行结果，使用输出语句设置输出格式在控制台中显示指定格式的字符串。

习题练习

一、选择题

1. 以下有关标识符说法正确的是（　　）。
   A. 任何字符的组合都可形成一个标识符。
   B. Java 的保留字也可作为标识符使用。
   C. 标识符是以字母、下划线或$开头，后跟字母、数字、下划线或$的字符组合。
   D. 标识符是不区分大小写的。
2. 以下哪一组标识符是正确的（　　）。
   A. c_name, if, _name　　B. c*name, $name, mode
   C. Result1, somm1, while　　D. $ast, _mmc, c$_fe
3. 下列哪个选项是合法的标识符（　　）。
   A. 123　　B. _name　　C. class　　D. 1first
4. 有关整数类型说法错误的是（　　）。
   A. byte、short、int、long 都属于整数类型,分别占 1、2、4、8 个字节。
   B. 占据字节少的整数类型能处理较小的整数，占据的字节越多，处理的数据范围就越大。
   C. 所有整数都是一样的，可任意互换使用。
   D. 两个整数的算术运算结果，还是一个整数。
5. 以下说法正确的是（　　）。
   A. 基本字符数据类型有字符和字符串两种。
   B. 字符类型占两个字节，可保存两个字符。
   C. 字符类型占两个字节，可保存一个字符。
   D. 以上说法都是错误的。
6. 有关浮点数类型说法正确的是（　　）。
   A. 浮点类型有单精度（float）和双精度（double）两种。
   B. 单精度（float）占 4 个字节，数据的表示范围是：-3.4E38 ~ 3.4E38。
   C. 双精度（double）占 8 个字节，数据的表示范围是：-1.7E308 ~ 1.7E308。
   D. 以上说法都正确。
7. 关于类型转换说法错误的是（　　）。

A. 低精度类型数据向高精度类型转换时，不会丢失数据精度。

B. 系统会自动进行（整型或浮点型）低精度类型数据向高精度类型数据的转换。

C. 高精度类型数据向低精度类型数据的转换、整型和浮点型数据之间的转换，必须强制进行，否则有可能会引起数据丢失。

D. 高精度类型数据向低精度类型转换时，不会丢失数据精度，因为转换是系统进行的。

8. 对变量赋值说法错误的是（　　）。

A. 变量只有在赋值后才能使用。

B. boolean 类型的变量值只能取 true 或 false。

C. 只有同类型同精度的值才能赋给同类型同精度的变量，不同类型不同精度需要转换后才能赋值。

D. 不同类型和精度之间也能赋值，系统会自动转换。

9. 以下正确的赋值表达式是（　　）。

A. a == 5　　B. a+5 = a　　C. a++　　D. a++=b

10. 数学式：x^2+y^2-xy 正确的算术表达式是（　　）。

A. x^2+y^2+xy　　B. x*x+y*y+xy　　C. x(x+y)+y*y　　D. x*x+y*y+x*y

11. 以下正确的关系表达式是（　　）。

A. x≥y　　B. x+y<>z　　C. >=x　　D. x+y!=z

12. 以下正确的逻辑表达式是（　　）。

A. (x+y>7)&&(x−y<1)　　B. ! (x+y)

C. (x+y>7) || (z=a)　　D. (x+y+z)&&(z>=0)

13. 有关移位运算的说法是（　　）。

A. 移位运算是一元运算。

B. 移位运算是二元运算，是整数类型的二进制按位移动运算。

C. 移位运算是二元运算，可以进行浮点数类型的二进制按位移动运算。

D. 移位运算是二元运算，可以进行数据的按位移动运算。

14. 有关位运算符说法正确的是（　　）。

A. ~ 求反运算符是一元运算符；&, ^, | 是二元运算符。

B. a&b&c 是先进行 a&c 的二进制按位与操作，生成的结果再与 c 进行&操作。

C. 位运算只对整型数据进行位运算，而不能对浮点数进行位运算。

D. 以上 3 种说法都正确。

15. 有关条件运算符（?:）说法正确的是（　　）。

A. 条件运算符是一个三元运算符，其格式是：表达式 1？表达式 2：表达式 3。

B. 格式中的表达式 1 是关系或逻辑表达式，其值是 boolean 值。

C. 若表达式 1 成立，该条件表达式取表达式 2 的值，否则取表达式 3 的值。

D. 以上说法都正确。

16. 下边正确的赋值语句是（　　）。

A. a=b=c=d+100;　　B. a+7=m;

C. a+=b+7=c;　　D. a*=c+7=d;

17. 有关注释说法正确的是（　　）。

A. 注释行可以出现在程序的任何地方。
B. 注释不是程序的部分，因为编译系统忽略它们。
C. 注释是程序的组成部分。
D. 以上 A、B 说法正确，C 说法错误。

18. 下列的哪个选项可以正确表示八进制数 8（　　）。
A. 0x8　　B. 0x10　　C. 08　　D. 010

19. 下列的哪个赋值语句是不正确的（　　）。
A. float f = 11.1;　　B. double d = 5.3E12;
C. float d = 3.14f;　　D. double f=11.1E10f;

20. 下列的哪个赋值语句是正确的（　　）。
A. char a=12;　　B. int a=12.0;　　C. int a=12.0f;　　D. int a=(int)12.0;

二、填空题

1. 3.14156F 表示的是________。
2. 阅读程序：

```
public class Test1
{
    public static void  main(String args[])
     {
        System.out.println( 15/2);
     }
}
```

其执行结果是________。

3. 设 a=16，则表达式 a >>> 2 的值是________。
4. 阅读程序：

```
public class Test2
{
    public static void  main(String args[])
     {
        int i=10,j=5,k=5;
        System.out.println("i+j+k="+ i+j+k);
     }
}
```

其执行结果是________。

三、编程题

1. 编写一个应用程序，定义两个整型变量 n1、n2。当 n1=22，n2=64 时计算输出 n1+n2，n1−n2，n1*n2，n1/n2，n1%n2 的值。

2. 编写一个应用程序，定义两个整型变量 n1、n2 并赋给任意值。计算输出 n1>n2，n1<n2，n1−n2>=0，n1−n2<=0，n1%n2==0 的值。

3. 编写一个应用程序，定义两个 float 变量 C、F。计算公式 C=5/9（F−32），计算当 F=60、F=90 时，输出 C 的值。

4. 编写一个应用程序计算圆的周长和面积，设圆的半径为 1.5，输出圆的周长和面积值。

3 Chapter

第3章 数组

Java

学习目标

- 掌握数组的概念
- 掌握一维数组的定义和使用方法
- 掌握二维数组的定义和使用方法
- 掌握对象数组的定义和使用方法
- 掌握数组工具类 Arrays 的使用方法

数组是一组具有相同类型的数据集合，是 Java 编程中重要的数据保存结构，本章将介绍一维数组和二维数组的使用方法，另外，重点介绍对象数组的使用方法，并介绍数组工具类 Arrays 的使用方法，有助于在编程中对数组进行快捷操作。

3.1 数组

3.1.1 数组的概念

数组在 Java 语言中是一种非常重要的数据结构。试想一下，如果编写一个程序，需要存储一年中 12 个月份的天数，是否需要定义 12 个整型变量呢？如果要保存一个班级 45 名同学的期末数学成绩，是否要分别定义 45 个实型变量呢？如果照此种操作，程序中会有成百上千个变数据，程序员们是否要定义如此多的变量来保存这些数据呢？

如果这样做了那么工作量实在太大，而且这些逐一定义的变量间彼此独立，没有任何内在联系，这会给维护这些变量带来巨大困难。为了解决较多数据的存储和使用的问题，Java 程序的设计者创造了数组（Array）这种好用的数据结构。数组概念的引入，大大方便了程序的设计。

数组是具有相同数据类型的一组数据的集合。数组中的每个元素具有相同的数据类型。在程序设计中引入数组可以更有效地管理和处理数据。可根据数据的维数将数据分为一维数组和二维数组等。

例 3-1：一维数组的使用。

```
/*
  使用一维数组输出各月份的天数
*/
public class ArrayDemo {
    public static void main(String args[]) {
        // 定义一个长度为 12 的整型数组，并使用 12 个月份的天数进行初始化
        int[] month = { 31, 28, 31, 30, 31, 30, 31, 31, 30, 31, 30, 31 };

        // 注意：数组的下标（索引）从 0 开始
        // month.length 里储存着 month 的长度
        for (int i = 0; i < month.length; i++) {
            // 输出第 i 月的天数
            System.out.print("第" + (i + 1) + "月有" + month[i] + "天;");
            if((i+1)%3 == 0)
                System.out.println();
        }
    }
}
```

运行后的结果如图 3-1 所示。

在例 3-1 中定义了一个整型数组 month，并使用了 12 个月份的天数对其进行初始化。

```
int month[ ] = { 31, 28, 31, 30, 31, 30, 31, 31, 30, 31, 30, 31 };
```

```
Console
第1月有31天;第2月有28天;第3月有31天;
第4月有30天;第5月有31天;第6月有30天;
第7月有31天;第8月有31天;第9月有30天;
第10月有31天;第11月有30天;第12月有31天;
```

图3-1 12个月份天数

也可以写成：

```
int[ ] month = { 31, 28, 31, 30, 31, 30, 31, 31, 30, 31, 30, 31 };
```

两种写法等效，这种数组赋值方式称为静态初始化。

```
int[ 12 ] month = { 31, 28, 31, 30, 31, 30, 31, 31, 30, 31, 30, 31 };
int month[12] = { 31, 28, 31, 30, 31, 30, 31, 31, 30, 31, 30, 31};
```

而以上两行的写法则是错误的，在定义数组时不能在方括号中写数组的长度，这一点尤其需要大家注意。

3.1.2 如何使用一维数组

通过例 3-1，可以给数组一个“定义”：数组是有序数据的集合，数组中的每个元素必须是相同的数据类型，可以用一个统一的数组名和下标来唯一地确定数组中的元素。

1. 如何创建一维数组

要使用 Java 的数组，必须经过以下两个步骤。

① 声明数组；

② 分配内存给该数组。

这两个步骤的语法如下：

```
数据类型[] 数组名;                      //声明数组
数组名 = new 数据类型[数组元素个数];    //分配内存给数组
```

在数组的声明格式里，“数据类型”是声明数组元素的数据类型，例如整型、浮点型或者字符串等。“数组名”是用来统一这组相同数据类型的元素的名称，其命名规则与变量相同，建议使用有明确含义的名称为数组命名。

数组声明后，接下来便要配置数组所需的内存，其中“个数”是告诉编译器所声明的数组在存放多少个元素，而关键字“new”则是命令编译器根据括号里的个数，在内存中分配一块存储空间供该数组使用。例如：

```
int[ ] score;              //声明一个整型数组，名称为 score
score = new int[3];        //为整型数组分配内存空间，最多存放 3 个整型元素
```

此例中的第 2 行是在声明之后进行内存分配的操作。这一行会开辟 3 个可供保存整数的内存空间，并把此空间的参考地址赋给 score 变量。

除了用两行来声明并分配内存给数组之外，也可以用较为简洁的方式，把两行缩成一行来编写，其语法格式如下：

```
数据类型 [ ] 数组名 = new 数据类型[元素个数]
```

上述的格式会在声明的同时分配一块内存空间供该数组使用。例如：

```
int [ ] number = new int[10];
//声明一个由 10 个整型数据组成的数组，并为其开辟内存空间
```

2. 如何访问数组元素

想要使用数组里的元素，可以利用索引来完成。Java 的数组索引编号从 0 开始，以一个名为 score、长度为 10 的整型数组为例，score[0]代表第 1 个元素，score[1]代表第 2 个元素，依此类推，score[9]为数组中的第 10 个元素（也就是最后一个）。

例 3-2：如何访问数组元素。

```
public class CreateArrayDemo {
  public static void main(String[] args) {
      int[] a = null;
      a = new int[5];  //开辟内存空间供整型数组 a 使用，其元素个数为 5
      System.out.println("数组长度是: " + a.length);//输出数组的长度
      System.out.println("第 1 个元素的值为: " + a[0]);
      System.out.println("第 2 个元素的值为: " + a[1]);
      System.out.println("最后一个元素的值为: " + a[4]);
  }
}
```

例 3-2 中创建了一个由 5 个整型元素组成的数组 a，并且在控制台上输出了数组中第 1 个、第 2 个和最后一个元素的值，运行结果如图 3-2 所示。

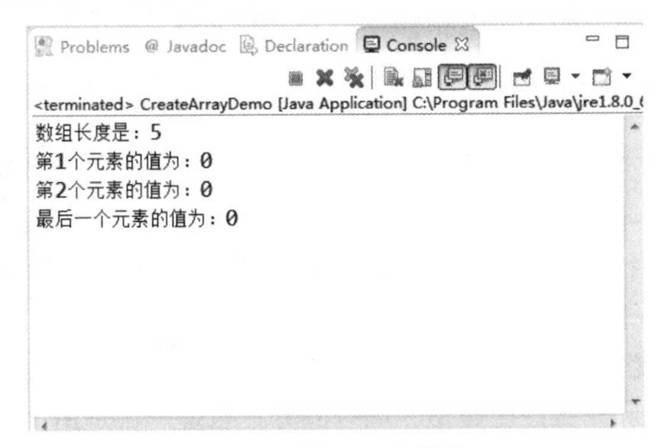

图3-2 例3-2运行结果

3. 如何给数组元素赋值

在声明和定义数组之后，使用数组前需要给数组赋上有意义的数值，数组使用静态初始化，在 3.1.1 节已经介绍过了，即只要在数组的声明格式后面再加上初值的赋值即可，如下面的格式。

```
数组类型[ ]  数组名 = { 初值 0, 初值 1, ..., 初值 n};
```

下面来看看更加灵活的赋值方法。

例 3-3：一维数组的赋值。

```
import java.util.Random;
public class ArrayAssignment {
  public static void main(String[] args) {
      Random random = new Random();
      int arr[] = null;
```

```
        //random.nextInt(10)返回一个 0 到 10 之间的随机整数
        arr = new int[random.nextInt(10)];
        System.out.println("数组的长度为："+arr.length);

        for(int i = 0;i<arr.length;i++){
            arr[i] = random.nextInt(100);
            System.out.println("arr["+i+"]="+arr[i]);
        }
    }
}
```

运行后结果如图 3-3 所示。

```
Console
数组的长度为：8
arr[0]=26
arr[1]=43
arr[2]=39
arr[3]=74
arr[4]=6
arr[5]=40
arr[6]=26
arr[7]=36
```

图3-3　例3-3运行结果

代码中，将 java.util 包中的 Random 类导入到当前文件，这个类的作用是产生随机数。

3.1.3　如何使用二维数组

介绍完一维数组，下面来认识一下二维数组。虽然用一维数组可以处理一般的简单的数据，但在实际应用中有时仍显不足，所以 Java 也提供了二维数组以及多维数组供程序设计人员使用。如果说一维数组结构上由行来组成，那么二维数组则是由行和列构成的数据结构，就好像同学们在教室里的座位分成了若干行和列。

1. 如何创建二维数组

二维数组声明的方式和一维数组类似，内存的分配也是一样是用 new 这个关键字。其声明和分配内存的格式如下：

```
数据类型[][] 数组名;
数组名 =   new 数据类型[行数][列数];
```

也可以写成

```
数据类型[][] 数组名 = new 数据类型[行数][列数];
```

下面自定义一个二维数组并为其静态初始化。

```
int[][] num = new int[2][4];    //声明一个 2 行 4 列的整型二维数组
int[][] num = {{34, 43, 56, 90}, {42,22,54,78}};
  //也可以在声明的同时为其初始化
```

在上面的例子中定义了一个名称为 num 的二维数组，数组由 2 行 4 列共 8 个元素组成，可以把二维数组 num 看作是由两个一维数组组成，而每个一维数组的元素都是 4 个。

```
num[0][0]为34，num[0][1]为43，num[1][0]为42，……，num[1][3]为78。
```

值得一提的是，Java 在定义二维数组时更加灵活，允许二维数组中每行的元素个数均不相同，例如，下面的语句是声明整型数组 num 并赋值：

```
int[][] num = {{42,54,34,67},
               {33,23,12},
               {12,35,26,11,76}
            };
```

在上面的例子中声明了一个二维数组 num 并为其初始化赋值，与前面例子不同的是 num 数组的每一行的元素个数都不相同，第 1 行为 4 个元素，第 2 行为 3 个元素，第 3 行为 5 个元素。

在二维数组中，若想取得整个数组的行数，或者是某行元素的个数，则可利用“.length”来获取。其语法如下：

```
数组名.length                     //取得二维数组的行数
数组名[行的索引].length            //取得某一行元素的个数
```

以上例中的二维数组为例，num.length 表示 num 数组的行数，其值为 3，num[0].length 表示第 1 行的元素个数，其值为 4，num[2].length 表示第 3 行的元素个数，其值为 5。

2. 如何访问二维数组元素

二维数组元素的输入与输出方式相同，如下面这个范例。

例 3-4：访问二维数组元素。

```
public class TwoDimensionArray {
  public static void main(String[] args) {
      int sum = 0;
      int[][] num = {{30,35,26,32},{33,34,29,15}};
      for (int i = 0; i < num.length; i++) {
          System.out.println("第"+(i+1)+"个人的成绩为：");
          for (int j = 0; j < num[i].length; j++) {
              System.out.println(num[i][j]+" ");
              sum = sum + num[i][j];
          }
      }
      System.out.println("\n 总成绩是"+sum+"分");
  }
}
```

运行后结果如图 3-4 所示。

```
Console
第1个人的成绩为：
30 35 26 32
第2个人的成绩为：
33 34 29 15
总成绩是234分
```

图3-4　例3-4运行结果

在例 3-4 中，通过两层 for 循环实现了对二维数组 sum 的遍历，这种方式可以普遍应用于以后的二维数组的使用之中。

3.1.4 对象数组

3.1.2 节和 3.1.3 节中学习了数组的使用，数组的类型可以是整型数组、实型数组或字符串型数组，那么，数组的类型可以是自定义的吗?

答案是肯定的，即自定义对象数组，它们由同一个类的多个具体实例有序组成。由于其每个元素都是引用数据类型，数组在创建后必须对每个对象分别进行实例化创建。以自定义学生类 Student 为例，学生类定义如下：

```
public class Student {
  private String name;
  private int age;
  public Student(String name,int age){
      this.name = name;
      this.age = age;
  }
  private String getName() {
      return name;
  }
}
```

此时可以设置一个学生对象数组来表示若干名学生，声明方法如下：

```
Student[] stuArray = new Student[3];
```

通过该语句构建出一个 Student 类型的数组，最多可以表示 3 名学生类对象，但此时数组中的 3 个学生类对象并没有通过构造方法对其属性进行初始化，所以该数组中的三名学生对象没有 name 也没有 age，只有完整地将成员初始化才有意义。

```
Student[] stuArray = new Student[3];
stuArray[0] = new Student("李磊",18);
stuArray[1] = new Student("韩梅梅",19);
stuArray[2] = new Student("汤姆",16);
```

通过上面的 4 条语句，可以完整实现对象数组的声明，以及数组成员的构建，此时则可以利用数组的顺序存放的特点，使用数组下标能很方便地遍历访问所有数组中的对象成员。

例 3-5：遍历对象数组成员。

```
public class ObjectArrayDemo {
  public static void main(String[] args) {
      Student[] stuArray = new Student[3];
      stuArray[0] = new Student("李磊", 18);
      stuArray[1] = new Student("韩梅梅", 19);
      stuArray[2] = new Student("汤姆", 16);
      for (int i = 0; i < stuArray.length; i++) {
          System.out.println(stuArray[i].getName());
      }
  }
}
```

运行后结果如图 3-5 所示。

Console
李磊
韩梅梅
汤姆

图3-5　输出学生姓名

通过对象数组，可以表示比基本数据类型（整型、实型、字符串型等）更加复杂的数据结构，从学生类对象数组这个例子扩展开去，对象数组可以满足更高更复杂的要求。

3.2 数组（Arrays）类

3.2.1　Arrays 类的使用

数组是程序中常用的一种数据结构。在 java.util 类包中提供了 Arrays（数组）类，用于对数组进行诸如排序、比较、转换、搜索等运算操作。

Arrays 类提供众多的类方法（静态方法）对各种类型的数组进行运算操作，下面列出一些常用的类方法供大家使用时参考，如果使用其他的方法可参阅 JDK 文档。

- static void sort(数据类型[] d)：用于对数组 d 进行排序（升序），数据类型是除 boolean 之外的任何数据类型。
- static void sort(数据类型[] a, int start,int end)　对数组 a 中指定范围从 start 到 end 位置之间的数据元素进行排序。当 start 大于 end 时引发 IllegalArgumentException 异常；当超界时，引发 ArrayIndexOutOfBoundsException 异常。
- static void fill(数据类型[] a,数据类型 value)：设置数组 a 各个元素的值为 value。
- static void fill(数据类型[] a,int start,int end,数据类型 value)：设置数组 a 中从 start 到 end 位置的元素的值为 value。
- static int binarySeach(数据类型[] a,数据类型 key)：利用二进制搜索数组（排过序）内元素值为 key 的所在位置。
- static boolean equals(数据类型[] d1,数据类型[] d2)：判断两个数组 d1 和 d2 是否相等。

只要掌握类方法的引用即可对数组进行相关的运算操作。类方法的一般引用格式如下：

```
类名.方法名（参量表）;
```

下面举例说明其应用。

例 3-6：将一组学生的单科成绩放在数组中，分别将排序前和排序后的数据输出，并搜索最靠近平均值的位置。

```
import java.util.Arrays; //引入 java.util.Arrays 类
public class Array_Sort
{
  public static void main(String[] args)
  {
     int[] score={87,76,64,89,96,78,81,78,69,95,58,92,86,79,54};
```

```
        int average=0;
        System.out.println("排序前:");
        for(int i=0; i<score.length; i++)
        {
        average+=score[i];  //求总成绩
        System.out.print(score[i]+"  ");
        }
       average/=score.length;  //求平均成绩
       Arrays.sort(score);  //排序
       System.out.println("\n 排序后: ");
       for(int i=0; i<score.length; i++) System.out.print(score[i]+"  ");
       //输出搜索平均值的位置
       System.out.println("\n"+average+"的位置是:"
                           +Arrays.binarySearch(score,average));
    }
  }
```

编译、运行程序，结果如图 3-6 所示。

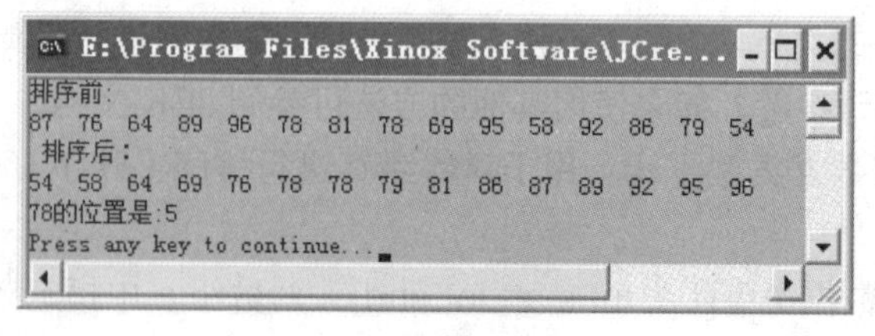

图3-6 例3-6运行结果

例 3-7：对二维数组指定的行进行排序并观察输出结果。

```
/**
* 本例主要演示对数组中部分数据进行排序，即对二维数组中的行
*/
  public class PartSort
  {
    public static void main(String[] args)
    {
       int[][]intNum={{73,85,67,72},{56,43,92,80,84,75},{54,67,54, 98,72}};
    System.out.println("排序之前的数组: :");
    for(int i=0; i<intNum.length;i++)
    {
      for(int j=0; j<intNum[i].length; j++)
         System.out.print(intNum[i][j]+"   ");  //输出数组元素值
       System.out.println(" ");
      }
    SortArray.sort(intNum[1]);   //调用排序方法对第二行进行排序
    System.out.println("\n 排序之后的数组: ");
    for(int i=0; i<intNum.length;i++)
      {
```

```
            for(int j=0; j<intNum[i].length; j++)
                System.out.print(intNum[i][j]+"   ");
            System.out.println();
        }
    }
}
```

编译、运行程序，结果如图 3-7 所示，可以观察一下第二行数据的变化情况。

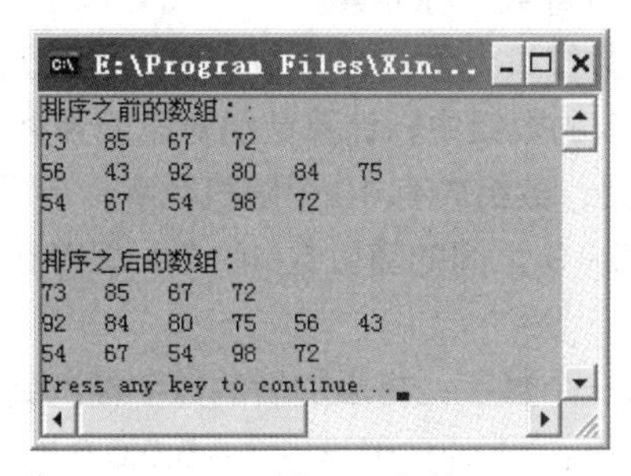

图3-7　例3-7运行结果

3.2.2　实践任务——用对象数组保存信息

使用对象数组保存若干本图书信息。

```
public class BookUtil {
  public static void main(String[] args) {
      Book[] bookArr = new Book[5];//声明 Book 类数组，最多 5 种书籍
      bookArr[0] = new Book("大学英语", 1, 30);//为每种入库书籍赋初值
      bookArr[1] = new Book("计算机应用基础",2,40);
      bookArr[2] = new Book("演讲与口才",1,24);
      bookArr[3] = new Book("C 语言程序设计",2,100);
      bookArr[4] = new Book("Java 程序设计",2,120);
      for (int i = 0; i < bookArr.length; i++) {
          System.out.println("书籍名称为: "+bookArr[i].getTitle());
      }
  }
}
```

本章小结

本章主要介绍了数组的概念及一维数组、二维数据的定义和使用方法，另外，重点介绍了对象数组的定义和使用。

数组是相同类型数据的集合，可以用于处理大量的相同类型数据，但是数组的使用也有局限，例如数组是一个有限集合，使用下标访问数组元素时需要注意下标的取值范围。

另外，需要掌握数组工具类 Arrays 类的使用。

习题练习

编程题

1. 某班有 10 位同学，请顺序输入 10 位同学的学号，保存在数组中，并输出所有同学的学号，输入字母 n 则提前退出输入。

2. 输入一个数组，输出所有奇数下标元素。

3. 已知一个数组 A，将奇数位置元素存到 B 数组中，偶数元素存到 C 数组中。

4. 把 1～36 分别放入 6×6 的数组中，计算数组对角元素之和。

5. 有一个长度是 10 的数组，数组内有 10 个随机数字，要求按从小到大排序。

6. 通过 Random 类生成 0～9 之间的随机数 10 个，保存在数组中，分别统计 0～9 这 10 个数字分别出现了多少次。

7. 在排序好的数组中添加一个数字，将添加后的数字插入到数组合适的位置。

8. 现在定义如下的一个数组：int oldArr[]={1,3,4,5,0,0,6,6,0,5,4,7,6,7,0,5}，要求将以上数组中值为 0 的去掉，将不为 0 的值存入一个新的数组，生成的新数组为：int newArr[]={1,3,4,5,6,6,5,4,7,6,7,5}

9. 某班有 10 位同学，输入学生的学号、姓名和分数，保存到对象数组中输出。

4 Chapter

第 4 章 面向对象程序设计——类和对象

Java

学习目标

- 了解面向对象程序设计的概念和类的三大特性
- 掌握类和对象的概念和关系
- 掌握类的封装方式以及类的成员组成
- 掌握类对象的创建和使用方法
- 掌握方法重载的使用方式
- 掌握类的封装的方式

类和对象是面向对象编程语言的重要概念。Java 是一种面向对象的语言，所以要想熟练使用 Java 语言，就一定要掌握类和对象的使用。本章介绍面向对象程序设计的基本概念，介绍类的封装和组成，以及类对象的定义和使用等重要的基本技术。

4.1 面向对象程序设计概述

面向对象程序设计（Object-Oriented Programming，OOP）是继面向过程后又一具有里程碑意义的编程思想，是现实世界模型的自然延伸。

4.1.1 面向对象程序设计简介

面向对象程序设计可以看作是一种在程序中包含各种独立而又互相调用的对象的思想，这与传统的思想刚好相反：传统的程序设计主张将程序看作一系列函数的集合，或者直接就是一系列对电脑下达的指令。面向对象程序设计中的每一个对象都应该能够接收数据、处理数据并将数据传达给其他对象，因此它们都可以被看作一个小型的“机器”，即对象。

在程序开发初期，人们使用结构化开发语言，但随着软件的规模越来越庞大，结构化语言的弊端也逐渐暴露出来，开发周期被延长，产品的质量也不尽如人意，结构化语言已经不适合当前的软件开发。这时，人们开始将另一种开发思想引入程序中，即面向对象的开发思想。面向对象思想是人类最自然的一种思考方式，它将所有预处理的问题抽象为对象，同时了解这些对象具有哪些相应的属性以及展示这些对象的行为，以解决这些对象面临的一些实际问题，这样就在程序开发中引入了面向对象设计的概念，面向对象设计实质上就是对现实世界的对象进行建模操作。

例如，在现实世界中桌子代表了所有具有桌子特征的事物，人类代表了所有具有人特征的生物。这个事物的类别映射到计算机程序中，就是面向对象中“类（class）”的概念。可以将现实世界中的任何实体都看作是对象，例如在人类中有个叫李雷的人，李雷就是人类中的实体或实例。现实世界中的对象均有属性和行为，例如李雷有属性：姓名、年龄、性别、出生日期等，有行为：说话、走路、购物等。

4.1.2 面向对象程序设计的基本特征

面向对象的程序设计的 3 个主要特征：封装性、继承性、多态性。3 种特征由浅入深，都以前一项为本身的技术基础，所以学习面向对象程序设计的主线就是按照这样的顺序由浅入深进行。

（1）封装性

封装是一种信息隐蔽技术，它体现于类的说明，是对象的重要特性。封装使数据和加工该数据的方法（函数）封装为一个整体，以实现独立性很强的模块，使用户只能见到对象的外特性（对象能接收哪些消息，具有哪些处理能力），而对象的内特性（保存内部状态的私有数据和实现加工能力的算法）对用户是隐蔽的。封装的目的在于把对象的设计者与对象的使用者分开，使用者不必知晓其行为实现的细节，只须用设计者提供的消息来访问该对象。

（2）继承性

继承性是子类共享父类数据的方法的机制。它由类的派生功能体现。一个类直接继承其他类的全部描述，同时可修改和扩充。继承具有传递性。类的对象是各自封闭的，如果没有继承性机制，则类的对象中的数据、方法就会大量重复。继承不仅支持系统的可重用性，而且还促进系统的可扩充性。

（3）多态性

对象根据所接收的消息而做出动作。同一消息被不同的对象接收时可产生完全不同的行为，这种现象称为多态性。用户利用多态性仅发送一个通用的信息，便可将所有的实现细节都留给接收消息的对象自行决定，这样同一消息即可调用不同的方法。例如：同样是 run 方法，飞鸟调用时是飞，野兽调用时是奔跑。

多态性的实现受到继承性的支持，利用类继承的层次关系，把具有通用功能的协议存放在类层次中尽可能高的地方，而将实现这一功能的不同方法置于较低层次，这样，这些低层次上生成的对象就能给通用消息不同的响应。

4.2 面向对象的基本概念

面向对象的基本概念中最主要的就是类（Class）和对象（Object）两个概念，这两个概念也是面向对象编程的重要基石。

4.2.1 类

将具有相同属性及行为的一组对象称为类（Class）。中国有一句古话叫“物以类聚，人以群分”，如果将现实世界中的一个事物抽象成对象，类就是这类对象的统称，例如人类、学生类、机动车类、形状类等。

在 Java 程序设计中，类被认为是一种抽象的数据类型，其内部包括成员变量，用于描述对象的属性，所以也叫成员属性；还包括类的成员方法，用于描述对象的行为。如果要利用类的方式来解决问题，首先要对要描述的对象进行抽象化并进行封装。

例如，在高速公路管理程序中，要对高速上通行的车辆进行描述，那么可以封装一个 Vehicle 类，即车辆类，在该类中既包含车辆类型、载客数量、车牌号码等属性的描述，也包含车辆进入高速开始计费、车辆驶出高速结算通行费等行为的描述。把车辆的属性用成员变量来描述，把车辆的行为用成员方法来描述，所以一个类的抽象即是将描述类的属性的成员变量以及描述类的行为的成员方法封装在类中。

4.2.2 对象

对象（Object）是类的实例化后的产物。现实世界中，随处可见的一种事物就是对象，对象是事物存在的实体。人类解决问题的方式总是将复杂的事物简单化，于是就会思考这些对象都是由哪些部分组成的。通常都会将对象划分为两个部分，即静态部分与动态部分。

静态部分，这个部分被称为“属性”，任何对象都会具有其自身的属性，如一个人的属性包括姓名、年龄、性别、职业等；而动态部分则表示对象的行为，如一个人的行走、工作、购物、出行等。在 Java 语言中将这个“属性”称之为变量，将对象的动态特征抽象为行为，在 Java 语言中称之为方法（Method）。一个对象是由一组成员变量和一系列对属性进行操作的方法构成的。

在现实世界中，所有事物都可视为对象，对象是客观世界里的实体。而在 Java 里，“一切皆为对象”，它是一门面向对象（Object-Oriented）的编程语言，面向对象的核心就是对象。要掌握 Java 编程技术就需要学会使用面向对象的思想来思考问题和解决问题。

4.2.3 类和对象的关系

类是对某一类事物的描述，是抽象的、概念上的定义；对象是实际存在的该类事物的个体，因而也称作实例（instance）。人类（Person）和对象实例如图 4-1 所示，手机类（Mobile）和对象实例如图 4-2 所示。

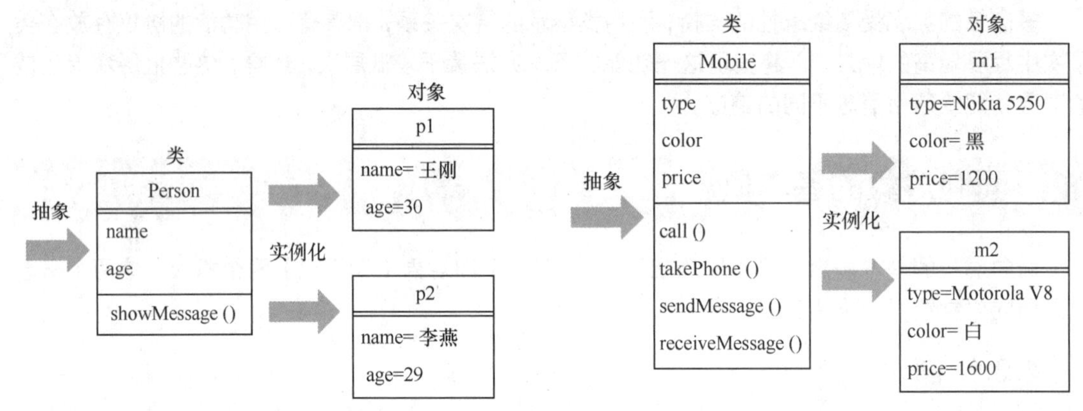

图4-1 人类（Person）和对象实例　　图4-2 手机类（Mobile）和对象实例

4.3 类的定义

Java 语言中的类从无到有，需要经过声明和定义的过程，然后才能使用，在声明和定义类的过程中，要根据语法和类的结构要求来编写语句。

4.3.1 类的定义语法

类定义包括两个部分：类的首部和类的主体。Java 语言中类的声明（Declaration）也称为类的定义（Definition），两者完全等价。Java 类声明的语法格式如下：

```
[<类修饰符>] class <类名> [extends 父类名] [implements 接口列表]
{
    数据成员——类的属性
    成员方法——类的行为
}
```

其中[ ]中的成分是可选的，即可以不出现。修饰符起到修饰限定的作用，注意：修饰符包括访问权限修饰符和非访问权限修饰符。

声明类使用的是 class 关键字。声明一个类时，在 class 关键字后面加上类的名称，这样就创建了一个类，然后在类的类体（大括号括起来的部分）里定义成员变量和成员方法。

在上面的语法格式中，类的权限修饰符可以是 public、private、protected 或省略这个修饰符（即默认的），类名只要是一个合法的标识符即可，但从程序的可读性方面来看，类名称最好是由一个或多个有意义的单词连接而成，每个单词首字母大写，单词间不要使用其他分隔符，这些是我们编程时约定俗成的要求，但并不是硬性规定。

类的权限修饰符可以是访问控制符。Java 提供了 4 种访问控制符来设置基于类（class）、变量（variable）、方法（method）及构造方法（constructor）等不同等级的访问权限，通过访问控制符可以控制它们的可见性。

（1）默认访问控制符（default）：在默认模式下，不需要为某个类、方法等添加任何访问修饰符。这类方式声明的方法和类，只允许在同一个包（Package）内被访问和使用。

（2）private（私有的）：这是 Java 语言中访问权限控制最严格的修饰符。如果一个方法、变量和构造方法声明为"私有的"，那么它只能在当前声明它的类的内部可见，超出该类范围则不能再被访问。

（3）public（公有的）：这是 Java 语言中访问权限控制最宽松的修饰符。如果一个类、方法、构造方法和接口等被声明为"公有的"，那么它不仅可以被跨类访问，而且允许跨包访问。

（4）protected（保护的）：介于 public 和 private 之间的一种访问修饰符。如果一个变量、方法和构造方法在父类中被声明为"保护的"，只能被类本身的方法及子类访问，即使子类在不同的包中也可以访问。

非访问权限修饰符主要包括以下几种：

（1）static：由它所修饰的数据成员属于类，而不属于某一具体的对象；

（2）final：被该修饰符修饰的数据成员被限定为最终数据成员。注意：在声明时初始化或在构造方法中进行赋值。

（3）extends、implements 有关的内容均在后续章节中会陆续介绍。

下面举一个类的声明的例子，以使大家清楚地认识类的声明语法。

例 4-1：

```
public class Citizen
{
//以下声明成员变量（属性）
    String  name;
    String  sex;
    Date    birthday;  //这是一个日期类的成员变量
    String  homeland;
    String  ID;
//以下定义成员方法（行为）
    public String  getName()  //获取名字方法
    {           //getName()方法体开始
        return  name;   //返回名字
    }           //getName()方法体结束
   /***下边是设置名字方法***/
    public void setName(String name)
    {       //setName()方法体开始
        this.name=name;
    }       //setName()方法体结束
   /***下边是列出所有属性方法***/
    public void displayAll()
    {       //displayAll()方法体开始
```

```
                System.out.println("姓名: " +name);
                System.out.println("性别: " +sex);
                System.out.println("出生: " +brithday.toLocaleString());
                System.out.println("出生地: " +homeland);
                System.out.println("身份标识: " +ID);
        }       //displayAll()方法体结束
    }
```

在例 4-1 中，定义了一个名为 Citizen 的类，用来描述市民这种类型，分别声明了 5 个成员变量，用于描述市民的姓名、性别、生日、家乡和身份证号。并声明了 3 个成员方法，用来设置和获取市民的姓名属性，以及显示市民的所有属性

对于一个类定义而言，构造方法（Constructor，又称构造器）、成员属性和成员方法是 3 种最常见的成员。

类中各成员之间，定义的先后顺序没有影响，各成员可以相互调用。

4.3.2 类的定义的使用

定义一个类后，就可以创建类的实例了，创建类实例通过关键字 new 完成。

例 4-2：

```
public class Person{
    private String name;
    private int age;
    private int id;
    public void talk(){
    System.out.println("我叫"+name + "年龄" + age + "家住" + address);
    }
public static void main(String[] args){
    Person  p = new Person( );
    p.talk( );
}
```

在例 4-2 中，在主方法 main 中，定义了一个 Person 类对象 p，并用 p 调用了成员方法 talk( )，在控制台中输出了一个 Person 对象 p 的相关信息。

4.4 类的属性

属性（Attribute）是 Java 类中描述事物状态参数的部分，用单个数据就能描述清楚。例如每个同学都有自己的学号、姓名、年龄、地址等。由于每个同学的学号、姓名、年龄、地址等都可能不同且会出现变化，只能每人都保存一份自己的属性信息，因此 Java 属性也被称为"数据成员"（Data Member）或域（Field）。

4.4.1 属性的定义

Java 属性声明的语法格式：

```
[<修饰符>]  <数据成员类型>  <属性名>  [=<属性值>];
```

属性语法格式详细说明如下。

（1）修饰符：修饰符可以省略，也可以是访问权限控制符 public、protected、private、默认，以及 static、final。

（2）数据成员类型：属性数据成员类型可以是 Java 允许的任何数据类型，包括基本类型（int、float、char 等）和引用类型（类、数组、接口等）。

（3）属性名：从程序的可读性角度来说，属性名应该由一个或多个有意义的单词或词组连接而成。

（4）默认值：定义属性还可以定义一个可选的默认值。

4.4.2　属性的使用

下面通过一个实例来讲解类的属性的使用。

例 4-3：

```
public class Book{
      private String name;//书名
      private String author;//作者
      private String publisher;//出版社
      public float price;//单价
      public void setName(String name){
            this.name = name;
      }
      public staitc void main(String[] args){
            Book book = new Book();
            book.setName("Java 编程思想");
            book.price = 105.5f;
      }
}
```

在例 4-3 中，封装了 Book 类，并为该类添加了书名、作者、出版社和单价一系列属性，在主方法中创建了 Book 类对象并通过 setName()方法设置了该书的书名。

4.5　类的方法

方法（Method）相当于其他语言中的函数，是由一组 Java 语句构成的代码块，是 Java 类中描述事物行为/功能的部分，可以被 Java 程序代码调用。

4.5.1　成员方法的定义

成员方法用来实现类的行为。方法也包括两个部分：方法声明和方法体（操作代码）。

在一般情况下，方法的语法如下：

```
[<修饰符>] <返回值类型>  <方法名> (形式参数列表)
{
       方法体：0 至多行 Java 代码
}
```

下面是一个方法的所有部分：

（1）修饰符：修饰符是可选的，告诉编译器如何调用该方法，它定义了该方法的访问类型。

（2）返回值类型：方法可以返回一个值。返回值类型的值是方法返回的数据类型。有些方法没有返回值执行所需的操作。在这种情况下，返回类型是关键字 void。

（3）方法名：这是方法的实际名称。方法名和参数列表一起构成了方法签名。

（4）参数：参数像一个点位符。当调用一个方法，传递一个值给参数，这个值被称为实际参数或实参。参数列表包括两个因素：参数的类型和个数。如果参数个数相同，但是参数的类型不同，那么参数列表也是不相同的。

（5）方法体：方法体包含定义语句的集合。

如一个方法声明有返回值，则在方法运行时必须要能够返回一个相应类型的结果，否则编译会出错。例如：

```
public int method1( ){
    //其他代码
    int result = 10;
    return result;
}
```

同样，一个声明返回值类型为 void 的方法不允许在方法体中返回任何结果（但可以使用空的返回语句“return”），否则编译出错，例如：

```
public void method2( ){
    //其他代码
    return 3;  //非法，返回值类型为 void 的方法不能有返回结果
}
```

4.5.2 成员方法的调用

封装一个类或定义一个成员方法之后，若要使用方法，必须调用它。调用方法是为了执行方法体中的代码，以实现预期的结果。

有两种方法来调用一个方法，该选择是基于该方法是否返回一个值或者无返回值来决定的。

当程序调用一个方法时，程序控制权转移到被调用的方法。一个方法将控制返回值给调用者时，其执行 return 语句或当达到其方法结束的右大括号。

如果该方法返回一个值，调用该方法通常被视为一个值。例如：

```
int  larger = max(10,30);
```

如果该方法返回 void，则调用该方法必须是一个语句。例如，printInfo()方法返回 void。下面的调用是一个语句：

```
printInfo();
```

下面通过一个实例来演示成员方法的调用，其中有带返回值的成员方法也有声明不带返回值的成员方法。

例 4-4：

```
public class Book{
      private String name;//书名
```

```
        private String author;//作者
        private String publisher;//出版社
        private float price;//单价
        public void setPrice(float price){
              this.price = price;
        }
        public float getPrice( ){
              return price;
        }
        public static void main(String[] args){
              Book book = new Book();
              book.setPrice( 78 );//设置书本的单价
              book.getPrice( );//通过方法返回值获取书本的单价
        }
    }
```

在例 4-4 中封装了 Book 类以及相关的成员属性和方法，其中 getPrice()方法通过返回值返回书本的单价，setPrice(float price)通过形参 price 传递了书本的单价，在方法体内通过 this.price 调用本类的成员属性 price，并把参数 price 的值传递给成员 price 进行保存，从而达到了设置书本单价的目的。

4.6 对象的创建和使用

声明 Java 类之后，可以将它作为一个新的数据类型，之后就可以创建该类的对象了。Java 语言中使用关键字 new 调用构造方法来创建新对象，然后使用“对象名.对象成员”的方式来访问对象的属性或调用对象的方法。

4.6.1 创建对象

创建对象需要以下 3 个步骤。

1. 声明对象

声明对象的一般格式如下：

```
类名  对象名;
```

例如：

```
Citizen  p1,p2;    //声明了两个公民对象
Float f1,f2;       //声明了两个浮点数对象
```

声明对象后，系统还没有为对象分配存储空间，只是建立了空的引用，通常称之为空对象（null），因此对象还不能使用。

2. 创建对象

对象只有在创建后才能使用，创建对象的一般格式如下：

```
对象名 = new  类构造方法名([实参表]);
```

其中，类构造方法名就是类名。运算符 new 用于为对象分配存储空间，它调用构造方法，

获得对象的引用（对象在内存中的地址）。

例如：

```
p1=new Citizen("张小丽","女",new Date(),"中国上海","410105651230274x");
f1=new Float(30f);
f2=new Float(45f);
```

注意

声明对象和创建对象也可以合并为一条语句，其一般格式是：

类名 对象名 = new 类构造方法名([实参表]);

例如：

```
Citizen p1=new Citizen("张小丽","女",new Date(),"中国上海","410105651230274x");
Float f1=new Float(30f);
Float f2=new Float(45f);
```

3. 引用对象

在创建对象之后，就可以引用对象了。引用对象的成员变量或成员方法需要对象运算符“.”。

```
引用成员变量的一般格式是： 对象名.成员变量名
引用成员方法的一般格式是： 对象名.成员方法名（[实参列表]）
```

在创建对象时，某些属性没有给予确定的值，随后可以修改这些属性值。例如：

```
Citizen p2=new Citizen("李明","男",new Date(),"南京","50110119850624273x");
```

对象 p2 的姓名和出生年月，可以用下面的语句进行设置：

```
p2.name = "李明";
p2.brithday = new Date("6/24/85");
```

4.6.2 对象的简单应用示例

本小节介绍两个简单的示例，以加深理解前面介绍的一些基本概念，从而对 Java 程序有一个较为全面的基本认识。

例 4-5：编写一个测试 Citizen 类功能的程序，创建 Citizen 对象并显示对象的属性值。

```
import java.util.Date;
public class TestCitizen {
  public static void main(String[] args) {
        Citizen p1,p2;
        p1 = new Citizen();
        p2 = new Citizen();
        p1.name = "丽柔";
        p1.sex = "女";
        p1.birthday = new Date("12/30/1998");
        p1.homeland = "上海";
        p1.ID = "421010198812302740";
        p1.displayAll();
```

```
        System.out.println("==============================");
        p2.name = "李鸣";
        p2.sex = "男";
        p2.birthday = new Date("8/30/1995");
        p2.homeland = "南京";
        p2.ID = "50110119850624273x";
        p2.displayAll();
    }
}
```

如前所述，一个应用程序的执行入口是 main()方法，上面的测试类程序中只有主方法，没有其他的成员变量和成员方法，所有的操作都在 main()方法中完成。

编译、运行程序，程序运行结果如图 4-3 所示。

```
Console
<terminated> TestCitizen [Java Application] C:\Program Files\Java
姓名：丽柔
性别：女
出生：1998-12-30 0:00:00
出生地：上海
身份标识：421010198812302740
==============================
姓名：李鸣
性别：男
出生：1995-8-30 0:00:00
出生地：南京
身份标识：50110119850624273x
```

图4-3　例4-5运行结果

需要说明的是，程序中使用了 JDK1.1 的一个过时的构造方法 Date（日期字符串），所以在编译的时候，系统会输出提示信息提醒你注意。一般不提倡使用过时的方法，类似的功能已由相关类的其他方法替代。在这里使用它主要是为了使程序简单、阅读容易。

在程序中，从声明对象、创建对象、修改对象属性到执行对象方法等，一切都是围绕对象在操作。

例 4-6：定义一个几何图形圆类，计算圆的周长和面积。

```
/* 这是一个定义圆类的程序
 * 该类定义了计算面积和周长的方法。
 */
 public class CircleExam4_6
 {
        final double PI=3.1415926;  //常量定义
        double radius=0.0 ;         //变量定义
        //构造方法定义
        public CircleExam4_6(double radius)
        {
              this.radius=radius;
        }
        //成员方法计算周长
        public double circleGirth()
        {
              return  radius*PI*2.0;
        }
        //成员方法计算面积
        public double circleSurface()
        {
              return radius*radius*PI;
        }
```

```
        //主方法
        public static void main(String [] args)
        {
            CircleExam4_6 c1,c2;
            c1=new CircleExam4_6(5.5);
            c2=new CircleExam4_6(17.2);
            System.out.println("半径为 5.5 圆的周长="+c1.circleGirth()+" 面积="+c1.circleSurface());
            System.out.println("半径为17.2圆的周长="+c2.circleGirth()+" 面积="+c2.circleSurface());
        }
    }
```

编译、运行程序，执行结果如图 4-4 所示。

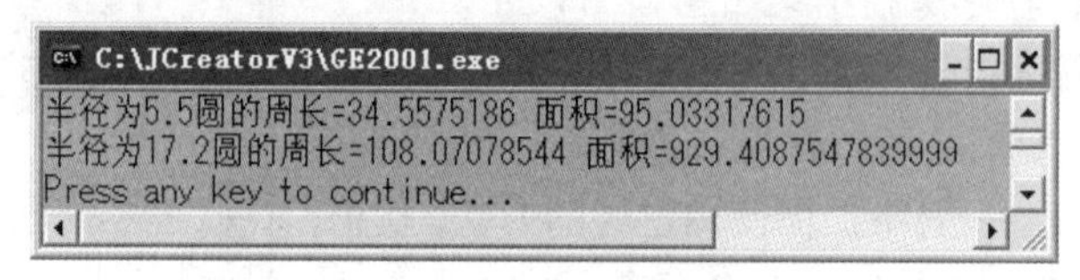

图4-4 例4-6运行结果

4.6.3 对象的清除

在 Java 中，程序员不需要考虑跟踪每个生成的对象，系统采用了自动垃圾收集的内存管理方式。运行时，系统通过垃圾收集器周期性地清除无用对象，并释放它们所占的内存空间。

垃圾收集器作为系统的一个线程运行，当内存不够用时或当程序中调用了 System.gc()方法要求垃圾收集时，垃圾收集器便与系统同步运行开始工作。在系统空闲时，垃圾收集器与系统异步工作。

事实上，在类中都提供了一个撤销对象的方法 finalize()，但并不提倡使用该方法。若在程序中确实希望清除某对象并释放它所占的存储空间时，只须将空引用（null）赋给它即可。

4.6.4 方法引用及参数传递

在 Java 中，方法引用有两种方式：系统自动引用和程序引用。系统自动引用一般用在一些特定的处理中，我们将在后面的章节遇到。本小节主要介绍程序引用方法及参数传递问题。

1. 方法声明中的形式参数

在方法声明中的“( )”中说明的变量被称之为形式参数（形参），形参也相当于本方法中的局部变量，和一般局部变量不同的是，它自动接受方法引用传递过来的值（相当于赋值）。然后在方法的执行中起作用。例如，在 Citizen 类中的方法：

```
public void setName(String name)
{
   this.name=name;
}
```

当对象引用该方法时，该方法的形参 name 接受对象引用传递过来的名字，然后它被赋给对象的属性 name。

2. 方法引用中的实际参数

通常，把方法引用中的参数称为实际参数（实参），实参可以是常量、变量、对象或表达式。例如：

```
Citizen p2 = new Citizen("李明","男",null,"南京","50110119850624273x");
p2.setName("李鸣");
```

方法引用的过程其实就是将实参的数据传递给方法的形参，以这些数据为基础，执行方法体完成其功能。

由于实参与形参按对应关系一一传递数据，因此在实参和形参的结合上必须保持“三一致”的原则，即：

① 实参与形参的个数一致；

② 实参与形参对应的数据类型一致；

③ 实参与形参对应顺序一致。

3. 参数传递方式

参数传递的方式有两种：按值传递和按引用传递。

（1）按值传递方式

一般情况下，如果引用语句中的实参是常量、简单数据类型的变量或可计值的基本数据类型的表达式，那么被引用的方法声明的形参一定是基本数据类型。反之亦然。这种方式就是按值传递的方式。

（2）按引用传递方式

当引用语句中的实参是对象或数组时，那么被引用的方法声明的形参也一定是对象或数组，反之亦然。这种方式称之为是按引用传递。

下面举例说明参数的传递。

例 4-7：传递方法参数示例。

```
/*  这是一个简单的说明方法参数使用的示例程序
*/
public class ParametersExam4_7
{
 /**下边定义方法 swap(int n1,int n2) 该方法从调用者传递的实际参数值获得 n1,n2
  * 的值，这是一种传值方式。方法的功能是交换 n1,n2 的值。
  */
  public void swap(int n1,int n2)  //定义成员方法带两个整型参数
  {
        int n0;  //定义方法变量 n0
        n0=n1;   //先将 n1 的值赋给 n0
        n1=n2;   //再将 n2 的值赋给 n1
        n2=n0;   //最后将 n0 (原 n1) 的值赋给 n2
        System.out.println("在swap()方法中: n1="+n1+" n2="+n2+"\n------------");
  }
  public static void main(String [] arg) //以下定义 main()方法
  {
    int  n1=1,n2=10;   //定义方法变量
    ParametersExam4_7  par=new ParametersExam4_7();//创建本类对象
```

```
        par.swap(n1,n2); //以方法变量 n1,n2 的值为实参调用方法 swap
        System.out.println("在 main()方法中: n1="+n1+" n2="+n2);
    }
}
```

编译、运行程序，执行结果如图 4-5 所示。

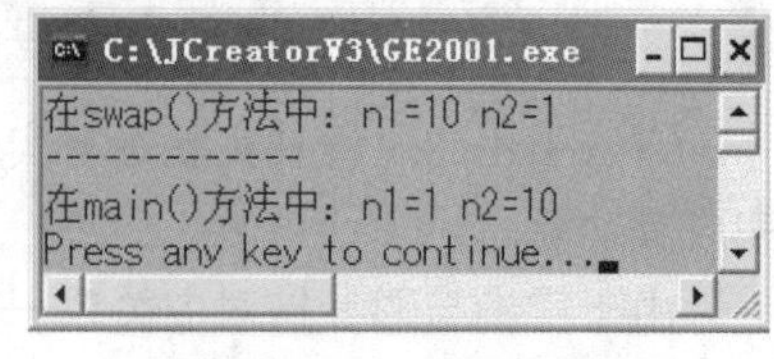

图4-5　例4-7运行结果

看到程序的执行结果，读者可能会有疑问，不是在 swap 方法中交换了 n1,n2 的值么，为什么在 main()中仍然是原来的值呢?

程序的执行过程是这样的：当在 main()方法中执行对象的 swap()方法时，系统将方法调用中的实参 n1、n2 的值传递给 swap()方法的形式参数 n1、n2，在 swap()方法体的执行中形式参数 n1、n2 的值被交换，这就是我们看到的 swap()方法中的输出结果，由于形参 n1、n2 是 swap()方法的局部变量，它们只在该方法中有效，它们随方法的结束而消失，因此在 swap()方法中并没有涉及对实参的改变，所以在 main()方法中，n1、n2 还是原来的值。

例 4-8：方法参数传递引用方式示例。

```
/*  这是一个简单的说明方法参数使用的示例程序
*/
import java.util.*;
public class ParametersExam4_8
{
  /**下边定义方法 swap()
   * 对象 n 从调用者传递的实际参数获得引用。
   * 该方法的功能是交换对象中成员变量 n1,n2 的值。
  */
  public void swap(Citizen p1,Citizen p2)
  {
        Citizen p;     //定义方法变量 p
        p=p1;        p1=p2;      p2=p; // 交换 p1,p2 对象的引用
        p2.name="张三";  //修改 p2 的姓名
        p1.name="李四";  //修改 p1 的姓名
        System.out.println(p1.name+"  "+p1.name+"  "+p1.sex);//显示相关属性
        System.out.println(p2.name+"  "+p2.name+"  "+p2.sex);//显示相关属性
        System.out.println("----------------------");
  }
  //以下定义 main()方法
  public static void main(String [] arg)
  {
    ParametersExam4_8 par=new ParametersExam4_8();//创建本类对象
    //下边创建两个 Citizen 对象
    Citizen p1=new Citizen("钱二","男",new Date("12/23/88"),"杭州"," ");
    Citizen p2=new Citizen("赵大","男",new Date("8/31/85"),"北京"," ");
    par.swap(p1,p2);  //以对象 p1,p2 实参调用方法 swap
    p1.displayAll(); //输出 p1 对象的属性值
    System.out.println("--------------------------");
```

```
        p2.displayAll(); //输出 p2 对象的属性值
    }
}
```

程序的执行过程是这样的：当在 main()方法中执行对象的 swap()方法时，系统将方法调用中的实参 p1、p2 对象的引用传递给 swap()方法的形式参数 p1、p2 对象，在 swap()方法体的执行中形式参数 p1、p2 对象引用值（即地址）被交换，随后修改了对象的属性值，这就是我们看到的 swap()方法中的输出结果。同样，由于形参 p1、p2 是 swap()方法的局部变量，它们只在该方法中有效，它们随方法的结束而消失。但需要注意的是，swap()方法中修改的对象属性值并没有消失，这些修改是在原对象的地址上修改的，方法结束后，只是传递过来的原对象引用的副本消失，原对象依然存在。因此，我们就看到了 main()中的显示结果。

4.7 信息的封装和隐藏

4.7.1 封装的概念

封装是面向对象编程的核心思想，即将对象的属性和行为封装起来，而将对象的属性和行为封装起来的载体就是类，类通常对客户隐藏其实现细节，这就是封装的思想。

例如，用户使用电脑，只需要使用手指敲击键盘就可以实现一些功能，用户无须知道电脑内部是如何工作的，即使用户可能碰巧知道电脑的工作原理，但在使用电脑时并不完全依赖于这些电脑工作原理方面的细节。

封装是 Java 面向对象思想的一种特性，也是一种信息隐藏技术。Java 语言中，对象通过包含属性（成员变量）的方式实现了信息的封装，隐藏对象的属性和实现细节，仅对外提供公共访问方式，可以达到屏蔽实现操作细节的目的。

4.7.2 如何实现封装

如果将一个对象的所有成员都对外公开，即允许在任何场合直接访问对象所封装的数据而不加任何限制，那效果如何呢?

```
class Person{
     public  int age;
 }
 public  class DAccess{
    public static void main(String[] args)
    {
       Person p1=new  Person();
       p1.age=20;
       p1.age=-3;
    }
}
```

在定义 Java 类时将属性声明为私有的(private)，以限制在外界对属性的直接访问，同时提供对该属性进行存/取操作的公开的方法，并在方法中加入必要的检查或逻辑控制。这样将在信息封装的同时进行隐藏处理，对外公开的间接操作功能实际上是受限制的。

（1）私有属性，使用 private 关键字声明私有变量，例如：

```
private  int  age;
```

（2）公有的读操作访问器，使用 GetAge( )方法实现，例如：

```
public int GetAge( )
{
      return  this.age;
}
```

（3）公有的写操作访问器，使用 SetAge( )方法实现，例如：

```
public int SetAge(int age )
{
       this.age=age;
}
```

4.8 构造方法

4.8.1 构造方法的使用

如果在每创建一个实例时都要初始化类中的所有变量就太烦琐了，因此在创建对象时就对对象进行初始化是一种简单而有效的解决方法。在 Java 语言中，人们定义了词汇表特殊的方法，叫作构造方法，用来初始化对象以使对象在创建后可以立即使用。

Java 构造方法是方法名与类名必须相同，并且没有返回值，在对象创建时被调用。根据需要定义有参或无参的构造方法。在 Java 类中，如果不去定义的话，就会有一个默认的构造方法。其主要作用包括：①用来实例化该类；②该类实例化的时候执行哪些方法，初始化哪些属性。

1. 构造方法的特点

构造方法是一种特殊的方法，具有以下特点。

（1）构造方法的方法名必须与类名相同。

（2）构造方法没有返回类型，也不能定义为 void，在方法名前面不声明方法类型。

（3）构造方法的主要作用是完成对象的初始化工作，它能够把定义对象时的参数传给对象的域。

（4）一个类可以定义多个构造方法，如果在定义类时没有定义构造方法，则编译系统会自动插入一个无参数的默认构造器，这个构造器不执行任何代码。

（5）构造方法可以重载，但参数的个数、类型、顺序应不同，有关的内容均会在后续章节中介绍。

2. 默认构造方法

如果不写一个构造方法，Java 编程语言将提供一个默认的构造方法，该构造方法没有参数，而且方法体为空。如果一个类中已经定义了构造方法，则系统不再提供默认的构造方法。

例如：

```
public Person()  //无参构造方法
{
}
```

4.8.2 自定义构造方法

也可以自定义带参的构造方法，例如：

```
public Person(int age) //一个参数的构造方法
{
    this.age=age;
}
```

这个构造方法的作用是创造新对象，并将其属性值 age 设定为参数指定的值，该值在调用方法时才能确定。

```
public Person(String name,int age) //两个参数的构造方法
{
    this.name=name;
    this.age=age;
}
```

这个构造方法的作用是创造新对象，并将其属性值 name 和 age 设定为参数指定的值，这两个值在调用方法时才能确定。

4.9 方法重载

在 4.8 节中我们学过了构造方法，知道构造方法的名称已经由类名决定，所以构造方法只有一个名称，但如果希望以不同的方式来实例化对象，就需要使用多个构造方法来完成。由于这些构造方法都需要根据类名进行命名，为了让方法名相同而参数不同的构造方法同时存在，必须用到“方法重载”。虽然方法重载起源于构造方法，但是它也可以应用到其他方法中。

方法重载（Overload）就是在同一个类中允许同时存在一个以上的同名方法，只要这些方法的参数个数或类型不同即可。

方法重载是让类以统一的方式处理不同类型数据的一种手段。多个同名函数同时存在，具有不同的参数个数或类型。重载是一种类的多态性的表现。为了更好地解释重载，来看下面的示例。

例 4-9：方法的重载。

```
public class OverloadDemo {
    public static int add(int a,int b) {
        return a+b;
    }
    //定义与第一个方法名称相同，参数类型不同的方法
    public static double add(int a,double b) {
        return 1;
    }
    //定义与第一个方法参数个数不同的同名方法
    public static int add(int a) {
        return a;
    }
    //定义与第一个方法参数顺序不同的方法
```

```
    public static double add(double a,int b) {
        return 2;
    }
    public static void main(String[] args) {
        System.out.println("调用 add(int,int)方法: "+add(3,4));
        System.out.println("调用 add(double,double)方法: "+add(7,6.3));
        System.out.println("调用 add(int)方法: "+add(10));
        System.out.println("调用 add(float,int)方法: "+add(3.5,4));
    }
}
```

运行结果如图 4-6 所示。

```
Console
调用add(int,int)方法: 7
调用add(double,double)方法: 1.0
调用add(int)方法: 10
调用add(float,int)方法: 2.0
```

图4-6　例4-9运行结果

结果中输出了 4 条语句，分别调用自 4 个同名方法 add，那么，系统在执行时是如何区分这 4 个同名方法的呢？可以看出是根据方法的参数类型、参数个数以及参数顺序来识别的，例 4-9 中的 4 个 add 方法都是重载方法。

下面继续举例说明方法重载的应用。例如，在 Citizen 类中添加如下的构造方法：

```
public Citizen()
{
    name="无名";
    sex="  ";
    brithday=new Date();
    homeland="  ";
    ID="  ";
}
```

然后再添加如下 3 个显示对象属性的成员方法：

```
/*****显示 3 个字符串属性值的方法****/
public void display(String str1,String str2,String str3)
{
  System.out.println(str1+"  "+str2+"  "+str3);
}
/*****显示 2 个字符串属性值和一个日期型属性的方法****/
public void display(String str1,String str2,Date d1)
{
  System.out.println(str1+"  "+str2+"  "+d1.toString());
}
/*****显示 3 个字符串属性值和一个日期型属性的方法****/
public void display(String str1,String str2,Date d1,String str3)
{
```

```
    System.out.println(str1+"  "+str2+"  "+d1.toString()+"  "+str3);
}
```

在 Citizen 类中添加上述的方法之后，我们给出一个测试重载方法的例子。

例 4-10：使用 Citizen 类创建对象，显示对象的不同属性值。

```
/**
 * 这是一个简单的测试程序
 * 程序的目的是演示重载方法的使用
 */
public class TestCitizen {
    public static void main(String[] args) {
        Citizen p1,p2;//声明对象
        p1 = new Citizen();//创建对象
        p2 = new Citizen("钱二","男",new Date("12/23/88"),"杭州","暂无");
        System.out.println("-----对象 p1-----");
        p1.display(p1.name, p1.sex, p1.homeland);//显示姓名、性别、出生地
        p1.display(p1.name, p1.sex, p1.birthday);//显示姓名、性别、生日
        p1.display(p1.name, p1.sex, p1.birthday, p1.homeland);//显示姓名、性
别、生日、出生地
        System.out.println("-----对象 p2-----");
        p2.display(p2.name, p2.sex, p2.homeland);
        p2.display(p2.name, p2.sex, p2.birthday);
        p2.display(p2.name, p2.sex, p2.birthday, p2.homeland);
    }
}
```

编译、运行程序，程序执行结果如图 4-7 所示。

```
Console
<terminated> TestCitizen (1) [Java Application] C:\Program Files\Java\jre1.8.
-----对象p1-----
无名
无名 Tue Jul 18 22:02:22 CST 2017
无名 Tue Jul 18 22:02:22 CST 2017
-----对象p2-----
钱二 男 杭州
钱二 男 Fri Dec 23 00:00:00 CST 1988
钱二 男 Fri Dec 23 00:00:00 CST 1988 杭州
```

图4-7　例4-10运行结果

请认真阅读程序，理解重载方法的应用。

由方法的重载实现了静态多态性（编译时多态）的功能。在很多情况下使用重载非常方便，比如在数学方法中求绝对值问题，按照 Java 中的基本数据类型 byte、short、int、long、float、double，在定义方法时，如果使用 6 个不同名称来区分它们，在使用中不但难以记忆还比较麻烦。若使用一个名字 abs()且以不同类型的参数区分它们，既简洁又方便。

需要注意的是，虽然在方法重载中可以使两个方法的返回值不同，但只有返回值不同并不足以区分两个方法的重载，还需要通过参数的个数以及参数的类型来设置。

4.10 关键字 this

4.10.1 关键字 this 的使用

this 是 Java 的一个关键字，表示某个对象。this 可以出现在实例方法和构造方法中，但不可以出

现在类方法中。关键字 this 出现在类的构造方法中时，代表使用该构造方法所创建的对象。实例方法必须通过对象来调用,当关键字 this 出现在类的实例方法中时,代表正在调用该方法的当前对象。

实例方法可以操作类的成员变量，当实例成员变量在实例方法中出现时，默认的格式为：

```
this.成员变量
```

例如：

```
class A
{
      int  x;
      void  f()
     {
         this.x=100;
     }
}
```

在上述 A 类中的方法 f 中出现了关键字 this，this 代表使用方法 f 的使用对象，因此 this.x 就表示当前对象的变量 x，当对象调用方法时，将 100 赋值给该对象的变量 x。在通常情况下，可以省略实例成员变量名字前面的“this”。

例如：

```
class A
{
      int  x;
      void  f()
     {
        x=100;  //省略 x 前面的 this.
     }
}
```

但是当实例成员变量的名字和局部变量的名字相同时，成员变量前面的“this”不可以省略。

例如：

```
class A
{
      int  x;
      void  f(int x)
     {
        this.x=x;  //this 不能省略
     }
}
```

类的实例方法可以调用类的其他方法，对于实例方法调用的默认格式为：

```
  this.方法
```

例如：

```
class  B
{
```

```
    void  f( )
    {
       this.g();
    }
    void g()
    {
        System.out.println("Ok");
    }
}
```

在上述 B 类中的方法 f 中出现了关键字 this，this 代表使用方法 f 的当前对象。所以方法 f 的方法体中的 this.g( )就是当前对象调用方法 g，也就是说，当某个对象调用方法 f 的过程中，也调用了方法 g。

同样，当一个实例方法调用另一个方法时，可以省略方法名前面的“this.”。

```
class  B
{
    void  f( )
    {
       g();  //省略 g 前面的 this.
    }
    void g()
    {
        System.out.println("Ok");
    }
}
```

提示

如果一个 Java 类中已经显示定义了一个或多个构造方法，则系统将不再为该类提供默认构造方法。

4.10.2　实践任务——构造方法重载

在例 4-3 的基础上，在类中添加构造方法实现构造方法重载。

步骤 1　添加构造方法

```
public Book()      //无参构造方法
{

}
public Book(String name,String author,float price)   //两个参数的构造方法
{
    this.name=name;
    this.author=author;
    this.price=price;
 }
```

```
//三个参数的构造方法
 public Book(String name,String author,String publisher,float price)
 {
    this.name=name;
    this.author=author;
    this.publisher=publisher;
    this.price=price;
  }
```

步骤 2　添加类中其他方法

```
public void PrintInfo()  //输出属性
{
   System.out.println("书名:"+this.name+"\t 作者:"+this.author+"\t 出版
社:"+this.publisher+"\t 价格:"+this.price);
}
```

4.11 关键字 static

4.11.1 static 方法

所谓静态方法，就是以“static”修饰符说明的方法。在不创建对象的前提下，可以直接引用静态方法，其引用的一般格式为：

```
类名.静态方法名( [ 实参表 ] )
```

一般把静态方法称之为类方法，而把非静态方法称之为类的实例方法（即只能被对象引用）。

在使用类方法和实例方法时，应该注意以下几点。

① 当类被加载到内存之后，类方法就获得了相应的入口地址；该地址在类中是共享的，不仅可以直接通过类名引用它，而且可以通过创建类的对象引用它。只有在创建类的对象之后，实例方法才会获得入口地址，它只能被对象所引用。

② 无论是类方法或实例方法，当被引用时，方法中的局部变量才会被分配内存空间，方法执行完毕，局部变量立刻释放所占内存。

③ 在类方法里只能引用类中其他静态的成员（静态变量和静态方法），而不能直接访问类中的非静态成员。这是因为对于非静态的变量和方法，需要创建类的对象后才能使用；而类方法在使用前不需要创建任何对象。在非静态的实例方法中，所有的成员均可以使用。

④ 不能使用关键字 this 和 super（关键字 super 会在后面章节中介绍）的任何形式的引用类方法。这是因为 this 是针对对象而言的，类方法在使用前不需要创建任何对象，当类方法被调用时，this 所引用的对象根本没有产生。

下面我们先看一个示例。

例 4-11：在类中有两个整型变量成员，分别在静态和非静态方法 display()中显示它们。若如下的程序代码有错，错在哪里？应如何改正？

```
public class Example4_10
{
```

```
    int  var1, var2;
    public Example4_10()
    {
      var1=30;
      var2=85;
    }
    public static void display()
  {
     System.out.println("var1="+var1);
     System.out.println("var2="+var2);
   }
    public void display(int var1,int var2)
   {
     System.out.println("var1="+var1);
     System.out.println("var2="+var2);
   }
    public static void main(String [] args)
   {
     Example4_10 v1=new Example4_10();
     v1.display(v1.var1,v1.ver2);
     display();
   }
  }
```

编译程序，编译系统将显示如下的错误信息：

```
    Example4_10.java:11: non-static variable var1 cannot be referenced from a
static context
      System.out.println("var1="+var1);
    Example4_10.java:12: non-static variable var2 cannot be referenced from a
static context
      System.out.println("var2="+var2);
    2 errors
```

我们可以看出两个错误均来自静态方法 display()，错误的原因是在静态方法体内引用了外部非静态变量，这是不允许的。此外，也应该看到在非静态方法 display()中设置了两个参数用于接收对象的两个属性值，这显然是多余的，因为非静态方法由对象引用，可以在方法体内直接引用对象的属性。

解决上述问题的方法是：

① 将带参数的 display()方法修改为静态方法，即添加修饰符 static；

② 将不带参数的 display()方法修改为非静态方法，即去掉修饰符 static；

③ 修改 main()中对 display()方法的引用方式，即静态的方法直接引用，非静态的方法由对象引用。

4.11.2 main()方法

在前面的程序中已经看到了 main()方法的应用。main()方法是一个静态的方法，也是一个特殊的方法，在 Java 应用程序中可以有许多类，每个类也可以有许多方法。但解释器在装入程序后首先运行的是 main()方法。

main()方法和其他的成员方法在定义上没有区别，其格式如下：

```
public static void main(String [] args)
{
   //方法体定义
   ……
}
```

其中：

① 声明为 public 以便解释器能够访问它。

② 修饰符为 static 是为了不必创建类的实例而直接调用它。

③ void 表明它无返回值。

④ 它带有一个字符串数组参数，可以接收引用者向应用程序传递相关的信息，应用程序可以通过这些参数信息来确定相应的操作，就像其他方法中的参数那样。

main()方法不能像其他的类方法那样被明确地引用，那么如何向 main()方法传递参数呢？只能从装入运行程序的命令行传递参数给它。其一般格式如下：

```
java  程序名  实参列表
```

其中：

① java 是解释器，它将装入程序并运行之。

② 程序名是经 javac 编译生成的类文件名，也就是应用程序的文件名。

③ 当实参列表包含多个参数时，参数之间以空格分隔，每个参数都是一个字符串。需要注意的是，如果某个实参字符串中间包含空格时，应以定界符双引号（""）将它们引起来。

例 4-12：从命令行传递"This is a simple Java program. "和"ok! "两个字符串并显示。程序参考代码如下：

```
/**
*这是一个简单的演示程序
*其目的是演示接收命令行传递的参数并显示
*/
public class CommandExam4_12 {

    public static void main(String[] args) {
        System.out.println(args[0]);
        System.out.println(args[1]);
    }
}
```

在命令提示符下编译、运行程序，操作步骤及执行结果如图 4-8 所示。

```
D:\>javac CommandExam4_12.java

D:\>java CommandExam4_12 "this is a simple program" OK!
this is a simple program
OK!
```

图4-8　例4-12 执行程序操作及运行结果

4.11.3　static 变量

static 变量也称作静态变量，静态变量和非静态变量的区别是：静态变量被所有的对象所共享，在内存中只有一个副本，它当且仅当在类初次加载时会被初始化。而非静态变量是对象所拥有的，在创建对象的时候被初始化，存在多个副本，各个对象拥有的副本互不影响。

4.12　变量的进一步讨论

在前面的例子中，我们已经看到了变量的应用。与方法类似，可以把变量分为静态（static）变量、最终变量（final）和一般变量。一般把静态变量称为类变量，而把非静态变量称为实例变量。

4.12.1　实例变量和类变量

下面我们通过例子来讨论类变量和实例变量之间的区别。

例 4-13：编写一个学生入学成绩的登记程序，设定录取分数的下限及上限（满分），如果超过上限或低于下限，就需要对成绩进行审核。程序参考代码如下：

```
/* 这是一个学生入学成绩登记的简单程序
 */
 import javax.swing.*;
 public class ResultRegister
 {
   final int  MAX=700;       //分数上限
   final int  MIN=596;       //分数下限
   String  student_No;       //学生编号
   int  result;              //入学成绩
   public ResultRegister(String no, int res) //构造方法
   {
      String str;
      student_No=no;
      if(res>MAX || res<MIN)//如果传递过来的成绩高于上限或低于下限则核对
      {
       str=JOptionPane.showInputDialog("请核对成绩:",String.valueOf(res));
       result=Integer.parseInt(str);
      }
      else result=res;
   }  //构造方法结束
```

```
    public void display()  //显示对象属性方法
    {
      System.out.println(this.student_No+"  "+this.result);
    }  //显示对象属性方法结束
    public static void main(String [] args)
    {
      ResultRegister s1,s2;  //声明对象 s1,s2
       s1=new ResultRegister("201",724); //创建对象 s1
       s2=new ResultRegister("202",657); //创建对象 s2
       s1.display();   //显示对象 s1 的属性
       s2.display();   //显示对象 s2 的属性
       System.exit(0); //结束程序运行，返回到开发环境
    }
  }
```

在程序执行时，由于定义的都是实例变量，所以对创建的每个对象，它们都有各自独立的存储空间。现在看一下它们的存放情况，如图 4-9 所示。

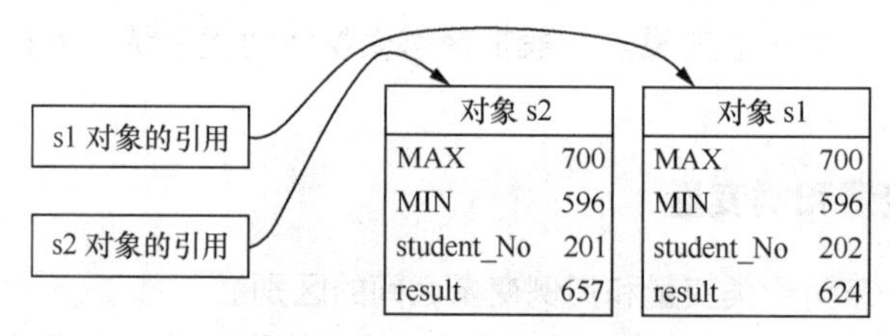

图4-9 例4-13 对象存储示意图

从图 4-9 中可以看出，每个对象都存储了 MAX 和 MIN 两个量，由于这两个量是常量，每个对象都重复存储它们，这就浪费了存储空间。尽管两个整数仅占据 8 个字节，但如果有数以千计个对象，这样的浪费也是惊人的。

解决这样问题的最简单方案是使用静态属性。我们只需将程序中定义 MAX、MIN 的两个语句：

```
final int  MAX=700;   //分数上限
final int  MIN=596;   //分数下限
```

修改为：

```
public static final int  MAX=700;   //分数上限
public static final int  MIN=596;   //分数下限
```

即可。

通过上面的介绍，我们可以对变量做如下说明：

① 以修饰符 static 说明的变量被称之为静态变量，其他为非静态变量；

② 以修饰符 final 说明的变量称之为最终变量即常量。它常常和 static 修饰符一起使用，表示静态的最终变量即静态常量。

③ 静态变量在类被装入后即分配了存储空间，它是类成员，不属于一个具体的对象，而是所有对象所共享的。与静态方法类似，它可以由类直接引用也可由对象引用。由类直接引用的格

式是：

```
类名.成员名
```

④ 非静态变量在对象被创建时分配存储空间，它是实例成员，属于本对象，只能由本对象引用。

4.12.2 变量的初始化器

这里介绍的初始化器（Initializer）是用大括号“{}”括起的一段为变量赋初值的程序代码。初始化器可分为静态的（初始化静态变量）和非静态的（初始化非静态变量）两种。下面只介绍静态的初始化器，因为初始化非静态变量没有实际意义，非静态变量的初始化一般在构造方法中完成。静态的初始化器的一般格式如下：

```
static
{
  ……    //为静态变量赋值的语句及其他相关语句
}
```

下面我们举一个简单的例子说明初始化器的应用。

例 4-14：在程序中定义两个静态变量，使用初始化器初始化其值。程序代码如下：

```
/*这是一个测试静态初始化器的程序
 */
 public class StaticExam4_13
 {
    static int var1;
    static int var2;
    public static void display()  //显示属性值方法
    {
      System.out.println("var1="+var1);
      System.out.println("var2="+var2);
    }    //显示方法结束
    static  //初始化静态变量
    {
      System.out.println("现在对变量进行初始化...");
      var1=128;        //为变量 var1 赋初值
      var2=var1*8;    //为变量 var2 赋初值
      System.out.println("变量的初始化完成!!!");
    }  //初始化器结束
    public static void main(String [] args) //主方法
    {
        display(); //显示属性值
    } //主方法结束
 }
```

请读者运行程序，查看程序的执行结果。当系统把类装入到内存时，自动完成静态初始化器。

知识扩展

1. Java 编码惯例

我们想象一下，在一个大型的项目中，如果每个程序员在给包、类、变量、方法取名的时候，如果根本没有一点约定，只是随心所欲，可能会带来哪些问题?

- 程序可读性极差；
- 在相互有交互的程序中，给其他程序员理解程序带来很大的麻烦；
- 对于测试员来说，在测试中如果需要检查源程序，将会感到无从下手；
- 在后续的维护中，可能因为程序根本没法看懂，而不得不重新编写一个新的程序。

因此，程序设计的标准化非常重要，原因在于这能提高开发团队各成员的代码的一致性，使代码更易理解，这意味着更易于开发和维护，从而降低了软件开发的总成本。为实现此目的，与其他语言类似，Java 语言也存在非强制性的编码惯例。

命名惯例也称命名约定，在声明包名、类名、接口名、方法名、变量名、常量名时除必须符合标识符命名规则外，还应尽量体现各自描述的事物、属性、功能等，例如可定义类 Student 描述学生信息。一般性命名约定：

- 尽量使用完整的英文单词或确有通用性的英文缩写；
- 尽量采用所涉及领域的通用或专业术语；
- 词组中采用大小写混合使之更易于识别；
- 避免使用过长的标识符（一般小于 15 个字母）；
- 避免使用类似的标识符，或者仅仅是大小写不同。

具体命名惯例见表 4-1。

表 4-1 Java 命名惯例

项目	命令规则	举例
类名	名词或名词性短语，各单词首字母大写，一般不使用缩写	class TestStudent;
包名	名词或名词性短语，全部小写	package com.oristand;
接口名	命名规则同类名	interface Person;
方法名	动词或动宾短语，首字母小写，其余各单词首字母大写； 用于设置属性值的方法应命名为 setXxx()，其中 Xxx 为相应属性名，且属性名的首字母大写； 用于获取属性值的方法应命名为 getXxx()，其中 Xxx 为相应属性名，且属性名的首字母大写	deleteUser() setAge(int _age) getAge()
变量名	名词或名词性短语，首字母小写，其余各单词首字母大写； 常量名全部大写，为名词或名词性短语，多个单词间用“_”分隔	currentCustomer MAXIMUM_SIZE

Java 语言的编码惯例是一种对程序员编码习惯上的约束，遵循编码规范能够使代码可读性大大提高，是考核程序员优秀程度的一个重要方面。

2. UML 建模之类图

类图（Class Diagram）是最常用的 UML 图，显示出类、接口以及它们之间的静态结构和关系。常用类图来描述系统的结构，用于对系统中的各种概念进行建模，并描绘出它们之间的关系，如图 4-10 所示。

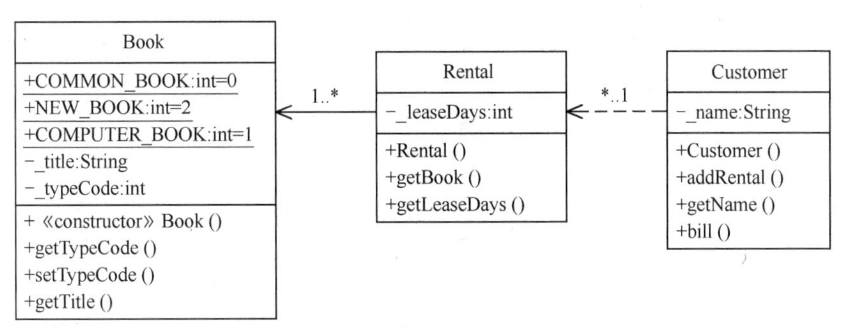

图4-10　类图

在 UML 类图中，类一般由以下三个部分组成。

① 第一部分是类名：每个类都必须有一个名字，类名是一个字符串。

② 第二部分是类的属性（Attributes）：属性是指类的性质，即类的成员变量。一个类可以有任意多个属性，也可以没有属性。

③ 第三部分是类的操作（Operations）：操作是类的任意一个实例对象都可以使用的行为，是类的成员方法。

如定义一个 Customer 类，它包含属性 name，以及操作 Customer()、addRental()、getname()、bill()，在 UML 类图中该类如图 4-11 所示。

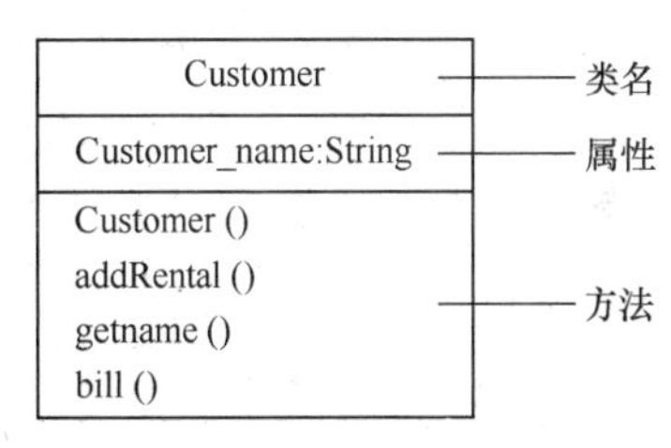

图4-11　Customer类图

图 4-11 对应的 Java 代码片段如下：

```
public class Customer {
    private String name;
    public Customer() {
        ......
    }
    public void addRental() {
        ......
    }
    public void getname () {
        ......
    }
    public void bill() {
        ......
    }
}
```

4.12.3　实践任务——封装完整的 Book 类

封装的图书类，可为图书类添加必要的成员属性和成员方法，需要提供构造方法，并实现构造方法的重载，并可为成员属性设置必要的 setter 和 getter 公共方法。

```
import java.util.ArrayList;
```

```
/**
 * Book 类
 *
 */
public class Book {
    // 图书编号，书名，作者，出版社，价格，图书类别，数量
    public static final int COMMON_BOOK = 1; // 普通图书
    public static final int COMPUTER_BOOK = 2; // 计算机图书
    public static final int NEW_BOOK = 3; // 新书
    private static double commonBook = 1.0;
    private static double computerBook = 1.5;
    private static double newBook = 1.5;
    private static double newBookAfter3Days = 2.0;
    private String isbn; // 图书编号
    private String title; // 书名
    private String author; // 作者
    private String publisher; // 出版社
    private double price; // 价格
    private int typeCode; // 图书类别
    private int number = 0; // 图书数量

    // 空构造方法
    public Book() {
    }

    // 构造方法
  public Book(String isbn, String title, String author, String publisher,
double price, int typeCode, int number) {
        super();
        this.isbn = isbn;
        this.title = title;
        this.author = author;
        this.publisher = publisher;
        this.price = price;
        this.typeCode = typeCode;
        this.number = number;
    }

    public static double getCommonBook() {
        return commonBook;
    }

    public static void setCommonBook(double commonBook) {
        Book.commonBook = commonBook;
    }

    public static double getComputerBook() {
        return computerBook;
    }
```

```
    public static void setComputerBook(double computerBook) {
        Book.computerBook = computerBook;
    }

    public static double getNewBook() {
        return newBook;
    }

    public static void setNewBook(double newBook) {
        Book.newBook = newBook;
    }

    public static double getNewBookAfter3Days() {
        return newBookAfter3Days;
    }

    public static void setNewBookAfter3Days(double newBookAfter3Days)
    {
        Book.newBookAfter3Days = newBookAfter3Days;
    }

    public String getIsbn() {
        return isbn;
    }

    public void setIsbn(String isbn) {
        this.isbn = isbn;
    }

    public String getTitle() {
        return title;
    }

    public void setTitle(String title) {
        this.title = title;
    }

    public String getAuthor() {
        return author;
    }

    public void setAuthor(String author) {
        this.author = author;
    }

    public String getPublisher() {
        return publisher;
    }
```

```
    public void setPublisher(String publisher) {
        this.publisher = publisher;
    }

    public double getPrice() {
        return price;
    }

    public void setPrice(double price) {
        this.price = price;
    }

    public int getTypeCode() {
        return typeCode;
    }

    public void setTypeCode(int typeCode) {
        this.typeCode = typeCode;
    }

    public int getNumber() {
        return number;
    }

    public void setNumber(int number) {
        this.number = number;
    }

    public static ArrayList getBooks() {
        return books;
    }
}
```

本章小结

通过本章的学习，读者应能理解面向对象编程思想、类和对象的概念，掌握 Java 基本语法，熟练运用 Java 基本数据类型、变量、方法以及 Java 值传递机制，创建自己的 Java 类、创建对象并访问其成员，用 private 和 public 实现信息的封装和隐藏，能够理解并掌握方法的重载，能使用构造方法的重载，并能够在应用开发过程中遵循编码惯例、养成良好的编程习惯。

习题练习

1. 举例说明类和对象的关系。
2. 定义一个描述电话的类，至少描述电话类的两种属性和一种功能。

3. 为什么说构造方法是一种特殊的方法？它与一般的成员方法有什么不同？为第 2 题的电话类定义构造方法，创建一个具体的电话对象并对其成员进行引用。

4. 什么是方法的重载？编写一个类，定义 3 个重载的方法，并编写该类的测试程序。

5. 举例说明类方法和实例方法，以及类变量和实例变量的区别。

6. 子类将继承父类的哪些成员变量和方法？子类在什么情况下隐藏父类的成员变量和方法？在子类中是否允许有一个方法与父类的方法名字和参数相同，而类型不同？说明理由。

7. 编写一个 Java 应用程序，描写一个矩形类，并输出某个矩形的长、宽、周长和面积。具体要求如下：

（1）定义 Rectangle 类，声明两个成员变量分别描述矩形的长和宽。

（2）在 Rectangle 中声明两个方法分别计算矩形的周长和面积。

（3）编写应用程序类，创建一个具体的矩形对象，在屏幕上打印输出该矩形的长、宽、周长和面积。

8. 按以下要求创建一个学生类(Student)，并完成相应的操作。

（1）其成员变量：姓名(name)、年龄(age)、身高(height)、体重(weight)

（2）成员方法 1：setAge 用于给变量 age 赋值。

（3）成员方法 2：out 按一定格式输出各成员变量的值。

（4）构造方法：通过参数传递，分别对 name、height、weight 初始化。

（5）最后，创建这个类的对象，并完成对成员变量赋值和输出的操作。

9. 补充程序，验证方法的重载。

下面已给出 Area 类的定义，定义应用程序类 AreaTest，创建 Area 类的对象并调用每一个成员方法，观察不同的参数与调用方法的之间的关系。

Area 类程序清单：

```
class Area
{
      float getArea(float r)
      {
            System.out.print("方法一：");
            return 3.14f*r*r;
      }
      double getArea(float x,int y)
      {
            System.out.print("方法二：");
            return x*y;
      }
      float getArea(int x,float y)
      {
            System.out.print("方法三：");
            return x*y;
      }
      double getArea(float x,float y,float z)
      {
            System.out.print("方法四：");
```

```
            return (x+x+y*y+z*z)*2.0;
        }
}
```

10. 按程序模板（Test.java）要求编写源文件，将[代码 x]按其后的要求替换为 Java 程序代码并分析程序输出结果。

```
class A
{
[代码 1]//声明一个 float 型的实例变量 a
[代码 2]//声明一个 float 型的类变量 b
void setA(float a)
{
     [代码 3]//将参数 a 赋值给成员变量 a
}
void setB(float b)
{
      [代码 4]//将参数 b 赋值给成员变量 b
}
float getA()
{
     return a;
}
static float getB()
{
     return b;
}
void outA()
{
     System.out.println (a);
}
[代码 5]//定义方法 outB()，输出变量 b
}
public class Test
{
[代码 6]//通过类名引用变量 b，给 b 赋值为 100
[代码 7]//通过类名调用方法 outB()
A cat=new A();
A dog=new A();
[代码 8]//通过 cat 调用方法 setA()，将 cat 的成员变量 a 设置为 200
[代码 9]//通过 cat 调用方法 setB()，将 cat 的成员变量 b 设置为 300
[代码 10]//通过 dog 调用方法 setA()，将 dog 的成员变量 a 设置为 400
[代码 11]//通过 dog 调用方法 setB()，将 dog 的成员变量 b 设置为 500
[代码 12]//通过 cat 调用 outA()
[代码 13]//通过 cat 调用 outB()
[代码 14]//通过 dog 调用 outA()
[代码 15]//通过 dog 调用 outB()
}
```

5 Chapter

第 5 章 类的继承

Java

学习目标

- 理解继承的机制和原理
- 掌握继承和派生的使用方法
- 掌握方法的重写机制
- 了解不同类成员在包之间的可见性
- 掌握关键字 final 的使用

本章将重点介绍面向对象编程三大特性之一——继承性，展示使用继承和派生的机制如何提高代码的可重用性，两个类如何设置为父子类，子类方法如何重写父类中的方法，父类中的成员在子类中可见性如何，如何使用关键字 final。

5.1 类的继承

第 4 章中，我们已经学习了类的封装以及基本使用方法，对于面向对象的程序而言，它的精华在于类能以既有的类为基础，进而派生出新的类。通过这种方式，便能快速地开发出新的类，而不需要重复劳动编写类似的程序代码，这便是程序代码再利用的概念。

5.1.1 继承能让开发事半功倍

继承（Inherit）在面向对象开发思想中是一个非常重要的概念，在程序中复用一些已经定义完善的类，不仅可以减少软件开发周期，也可以提高软件的可维护性和可扩展性。

继承的基本思想是基于某个父类的扩展，制定出一个新的子类，子类可以继承父类原有的属性和方法，也可以增加原来父类所不具备的属性和方法，或者直接重写父类中的某些方法。在继承过程中，已有类称为基类或父类，在此基础上建立的新类称为派生类或子类。子类与父类建立继承关系之后，子类也就拥有了父类的非私有的成员属性和方法，同时还可以拥有自己的属性和方法。

5.1.2 如何实现继承

由类继承的定义可以看出，子类实际上是扩展了父类，因此，Java 中继承通过关键字 extends 定义，格式如下：

```
[修饰符] class 子类名 [extends 父类名]
```

通过使用关键字 extends，子类能继承父类的某些特性，对于父类的成员变量和成员方法，不同的访问控制修饰符的继承规则如下。

- private：父类中的 private 成员变量和成员方法都不能被继承到子类中。
- public：父类中的 public 成员变量和成员方法都被继承到子类中。
- 无修饰符：对于没有使用修饰符的成员变量和成员方法，子类与父类如在同一个 Java 包中，则可以被子类继承下来；否则，不能被子类继承。
- protected：访问控制修饰符 protected 是专门为继承而设计的。父类中的 protected 成员变更和成员方法都能被子类继承，无论父类与子类是否在同一个 Java 包中。

下面来看一看如何实现父类与子类的继承。

例 5-1：使用继承思想实现 Person 类以及 Student 类。

源代码：Person.java

```
public class Person{
    String name;
    int age;
    public Person(String name, int age) {
        this.name = name;
        this.age = age;
```

```
    }
    public void speak(){
        System.out.println("我的名字叫:"+name+"我"+age+"岁");
    }
}
```

源代码：Student.java

```
public class Student extends Person{
    String name;
    int age;
    String school;
    public Student(String name, int age,String sch) {
        super(name, age);
        school = sch;
    }
    public void speak(){
        System.out.println("我的名字叫:"+name+"我"+age+"岁");
    }
    public void study(){
        System.out.println("我在"+school+"学校读书");
    }
}
```

在上面的例子中有两个类——Person 类和 Student 类，通过关键字 extends 的定义，Student 类是 Person 类的子类，两者之间继承关系已经成立。子类可以连同初始化父类构造方法来完成子类初始化操作，既可以在子类的构造方法中使用 super()语句调用父类的构造方法，也可以在子类中使用关键字 super 调用父类的成员方法，但是子类没有权限调用父类中被修饰为 private 的方法，只可以调用父类中修饰为 public 或 protected 的成员方法。

从上面的例子中，可以看到类的继承的意义所在，Person 类（人类）最早定义，类中有描述 Person 的成员属性和方法，表示人的姓名和年龄，speak 方法表示人说话的行为，如果大家在 Person 类定义之后，又需要构建一个类描述学生对象，那么有两种方式可以完成：第一种方法就是重新去定义 Student 类，此 Student 类和 Person 无继承关系；另一种方法则是将 Student 类定义成Person类的子类，这样Student类可以使用父类Person类的成员，同时也可以在Person 类的基础上加入 Student 类特有的属性和行为。所以，聪明的程序员都会合理地使用继承的技术，从而使编码的工作事半功倍。

我们再来看一下第 4 章介绍的 Citizen（公民）类和 ResultRegister（成绩登记）类，分析一下它们之间的关系。Citizen 类的完整代码如下：

```
public class Citizen {
    // 以下声明成员变量（属性）
    String name;
    String sex;
    Date birthday;
    String homeland;
    String ID;
```

```
        // 无参构造方法
        public Citizen() {
            name = "无名";
            sex = "  ";
            birthday = new Date();
            homeland = "  ";
            ID = "  ";
        }

        // 带参构造方法
        public Citizen(String name, String sex, Date birthday, String homeland,
String ID) {
            this.name = name;
            this.sex = sex;
            this.birthday = birthday;
            this.homeland = homeland;
            this.ID = ID;
        }

        // 以下定义成员方法（行为）
        public String getName() {
            return name;
        }

        public void setName(String name) {
            this.name = name;
        }

        // 显示所有属性
        public void displayAll() {
            System.out.println("姓名: " + name);
            System.out.println("性别: " + sex);
            if (birthday != null) {
                System.out.println("出生日期: " + birthday.toString());
            }
            System.out.println("出生地: " + homeland);
            System.out.println("身份证号: " + ID);
        }

        // 重载的display方法
        public void display(String str1, String str2, String str3) {
            System.out.println(str1 + " " + str2 + " " + str3);
        }

        public void display(String str1, String str2, Date d1) {
            System.out.println(str1 + " " + str2 + " " + d1.toString());
        }

        public void display(String str1, String str2, Date d1, String str3) {
            System.out.println(str1 + " " + str2 + " " + d1.toString() + " " + str3);
        }
```

ResultRegister 类的代码如下：

```
/*
 * 这是一个学生入学成绩登记的简单程序
 * 程序的名字是：ResultRegister.java
 */
 import javax.swing.*;
 public class ResultRegister
 {
   public static final int  MAX=700;   //分数上限
   public static final int  MIN=596;   //分数下限
   String  student_No;  //学号
   int  result;         //入学成绩
   public ResultRegister(String no, int res) //构造方法
   {
         String str;
         student_No=no;
         if(res>MAX || res<MIN)//如果传递过来的成绩高于上限或低于下限则核对
         {
      str=JOptionPane.showInputDialog("请核对成绩:",String.valueOf(res));
          result=Integer.parseInt(str);
         }
         else result=res;
   } //构造方法结束
  public void display()  //显示对象属性方法
      {
       System.out.println(this.student_No+"  "+this.result);
      } //显示对象属性方法结束
}
```

通过对上述两个类的介绍和示例演示，我们可以分析一下，在 Citizen 类中，定义了每个公民所具有的最基本的属性，而在 ResultRegister 类中，只定义了与学生入学成绩相关的属性，并没有定义诸如姓名、性别、年龄等这些基本属性。在登录成绩时，只需要知道学生号码和成绩就可以了，因为学生号码对每一个学生来说是唯一的。但在有些时候，诸如公布成绩、推荐选举学生干部、选拔学生参加某些活动等，就需要了解学生更多的信息。

如果学校有些部门需要学生的详细情况，既涉及 Citizen 类中的所有属性又包含 ResultRegister 中的属性，那么我们是定义一个包括所有属性的新类还是修改原有类进行处理呢?

针对这种情况，如果建立新类，相当于从头再来，那么就和前面建立的 Citizen 类和 ResultRegister 类没有什么关系了。这样做有违于面向对象程序设计的基本思想，也是我们不愿意看到的，因此我们应采用修改原有类的方法，这就是下面所要介绍的类继承的实现。

5.1.3 类继承的实现

根据上面提出的问题，要处理学生的详细信息，已建立的两个类 Citizen 和 ResultRegister

已经含有这些信息，接下来的问题是在它们之间建立一种继承关系就可以了。从类别的划分上，学生属于公民，因此 Citizen 应该是父类，ResultRegister 应该是子类。下面修改 ResultRegister 类就可以了。

定义类的格式在第 4 章已经介绍过，不再重述。将 ResultRegister 类修改为 Citizen 类的子类的参考代码如下。

例 5-2：

```
/*
 * 这是一个学生入学成绩登记的简单程序
 */
import java.util.*;
import javax.swing.*;
public class ResultRegister extends Citizen
{
  public static final int  MAX=700;   //分数上限
  public static final int  MIN=596;   //分数下限
  String  student_No;  //学号
  int  result;         //入学成绩
  public ResultRegister()
  {
     student_No="00000000000";
     result=0;
  }
  public ResultRegister(String name,String alias,String sex,Date brithday,
String homeland,String ID,String no, int res) //构造方法
  {
     this.name=name;
     this.alias=alias;
     this.sex=sex;
     this.brithday=brithday;
     this.homeland=homeland;
     this.ID=ID;
     String str;
     student_No=no;
     if(res>MAX || res<MIN)//如果传递过来的成绩高于上限或低于下限则核对
       {
     str=JOptionPane.showInputDialog("请核对成绩:",String.valueOf(res));
         result=Integer.parseInt(str);
       }
     else result=res;
   } //构造方法结束
   public void display()  //显示对象属性方法
   {
     displayAll();
     System.out.println("学号="+student_No+" 入学成绩="+result);
```

```
        } //显示对象属性方法结束
}
```

在上面的类定义程序中，相对于上例中的 ResultRegister 类，本例中的 ResultRegister 类修改和增加了构造方法。可以看出，由于它继承了 Citizen 类，所以它就具有 Citizen 类所有的可继承的成员变量和成员方法。

5.2 方法重写

5.2.1 方法的重写

继承并不只是扩展父类的功能，还可以重写父类的成员方法。如果在子类中定义某方法与其父类有相同的名称和参数，可称为该方法被重写（Override）。在 Java 中，子类可继承父类中的方法，而不需要重新编写相同的方法。但有时子类并不想原封不动地继承父类的方法，而是想做一定的修改，这就需要采用方法的重写。

方法重写又称方法覆盖。在继承中还有一种特殊的重写方式，即子类与父类的成员方法返回值、方法名称、参数类型及个数完全相同，唯一不同的是方法实现内容，这种特殊重写方式被称为重构。

需要注意的是，当重写父类方法时，修改方法的权限只能从小的范围向大的范围改变，例如，父类中的 doSomething()方法的修饰权限为 protected，继承后子类中的方法 doSomething()的修饰权限只能修改为 public，不能修改为 private，否则将会出错。

例 5-3：子类重写父类的方法。

```
public class Person{
    private String name;
    public void showInfo(){
        System.out.println("I'am BaseClass");
    }
}
```

源代码：Student.java

```
public class Student extends Person{
    private int age;
    public void showInfo(){
        System.out.println("I'am ChildClass");
    }
}
```

源代码：OverrideDemo.java

```
public class OverrideDemo {
    public static void main(String[] args) {
        Student student = new Student();
        student.showInfo();
```

```
    }
}
```

运行结果如图 5-1 所示。

Console ☒
<terminated> OverrideDemo [Java
I'am ChildClass

图5-1 子类重写父类的方法

从运行结果可以看出，子类 Student 继承了父类的 showInfo() 方法，而子类也定义了一个 showInfo()方法，两种方法的返回值类型、参数、方法名都相同，子类对象 student 调用 showInfo() 方法时，根据输出的结果可以看出，是调用在子类中定义的 showInfo()方法，而此时的父类方法 showInfo()则被子类隐藏了，即子类重写了父类的方法。

如果需要使用父类中原有的方法，则需要使用关键字 super，该关键字用于引用当前类的父类。

关于重写，可以总结出以下几条规则：

① 重写方法的参数列表必须完全与被重写的方法相同，否则不能称其为重写而是重载；

② 重写方法的访问修饰符一定要大于被重写方法的访问修饰符，即 public>protected>default>private；

③ 重写的方法的返回值必须和被重写的方法的返回值一致；

④ 重写的方法所抛出的异常必须和被重写方法所抛出的异常一致，或者是其子类；

⑤ 静态方法不能被重写为非静态的方法；

被重写的方法不能为 private，否则在其子类中只是新定义了一个方法，并没有对其进行重写。

5.2.2 变量的隐藏

所谓变量的隐藏，就是指在子类中定义的变量和父类中定义的变量有相同的名字或方法中定义的变量和本类中定义的变量同名。

事实上，在前面介绍的类中已经遇到了这种情况。诸如，在 Citizen 类构造方法的形式参数中，就定义了和本类中同名的变量。在这种情况下，系统采用了局部优先的原则。即在方法中，同名的方法变量优先，可直接引用。而成员变量（对象的属性）则被隐藏，需要引用时，应加上关键字 this（本类）或 super（父类）加以区分。因此，在 Citizen 类的构造函数中，我们看到了这样的引用语句：

```
this.name=name;   //将方法变量 name 的值赋给对象的属性 name
```

在程序中对变量引用时，什么情况下不需要加 this、super? 什么情况下需要加，加哪个? 其规则如下：

（1）当不涉及同名变量的定义时，对变量的引用不需要加关键字 this 或 super。

（2）当涉及同名变量的定义时，分两种情况：

① 方法变量和成员变量同名，在引用成员变量时，前边加 this；

② 本类成员变量和父类成员变量同名，在引用父类成员变量时，前边加 super。

变量的隐藏有点相似于方法的重写（覆盖），也可以称为属性的覆盖。只不过是为了区分是指变量而不是方法，用另一个名词“隐藏”称之而已。

5.3 关键字 super 的应用

在 Java 中，有时还会遇到子类中的成员变量或方法与父类中的成员变量或方法同名，因为子类中的成员变量或方法名优先级高，所以子类中的同名成员变量和方法就隐藏了父类的成员变量或方法，但是如果想要使用父类中的这个成员变量或方法，此时就需要用到关键字 super。

super 表示父（超）类的意思，用于引用父类的成员，如属性、方法或者是构造器。

1．使用 super 调用父类的属性

如果在子类中想使用被子类隐藏了的父类的成员变量或方法就可以使用关键字 super，其格式如下：

```
super.<属性名>
```

例 5-4：使用 super 调用父类的属性。

源代码：Base.java

```
public class Base {//父类
   protected int i = 2 ;
}
```

源代码：Derived.java

```
public class Derived extends Base {
    protected  int i =22 ;
    public void display(){
      System.out.println(this.i);
      System.out.println(super.i);
    }
}
```

源代码：Test.java

```
public class Test {
    public static void main(String[] args) {
      Derived d=new Derived() ;
         d.display();
    }
}
```

程序运行结果如图 5-2 所示。

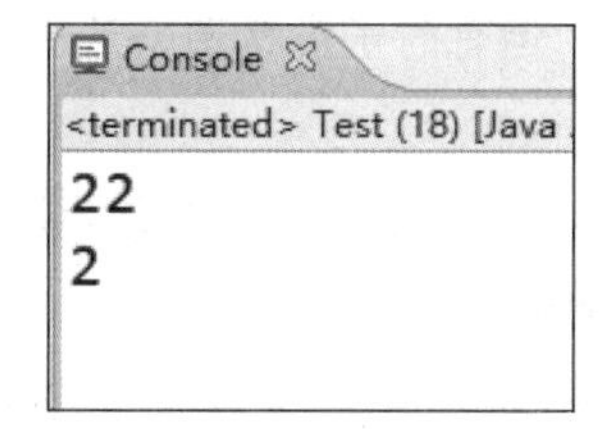

图5-2　使用super调用父类的属性

2. 使用 super 调用父类的方法

super 可用于调用父类中定义的成员方法，其格式为：

```
super.<方法名>(<实参列表>)
```

例 5-5：使用 super 调用父类的方法。

源代码：Base.java

```
public class Base {//父类
    public void display(){
        System.out.println("我是父类");
    }
}
```

源代码：Derived.java

```
public class Derived extends Base {
    public void display(){
        super.display();
        System.out.println("我是子类");
    }
}
```

源代码：Test.java

```
public class Test {
public static void main(String[] args) {
     Derived d=new Derived() ;
     d.display();
}
}
```

程序运行结果如图 5-3 所示。

图5-3 使用super调用父类的方法

3. 使用 super 调用父类的构造方法

子类不会继承父类的构造方法，但有时子类构造方法中需要调用父类构造方法的初始化代码，其格式为：

```
super(<实参列表>)
```

例 5-6：使用 super 调用父类的构造方法。

```
class People {
    String name; //姓名
```

```
    int age; // 年龄

    public People() {
      System.out.println("People 无参构造方法");
    }
     public People(String name,int age) {
      System.out.println("People 有参构造方法");
      System.out.println("I'am  " + name + ",年龄"+age + "岁!");
    }
}
public class Student extends People {
    public Student() {
      super();    // 调用父类无参数的构造函数
    }
  public Student(String name,int age) {
      super(name,age);    // 调用父类有参数的构造函数
    }
    public static void main(String[] args) {
      new Student();
      new Student("张三",18);
    }
}
```

程序运行结果如图 5-4 所示。

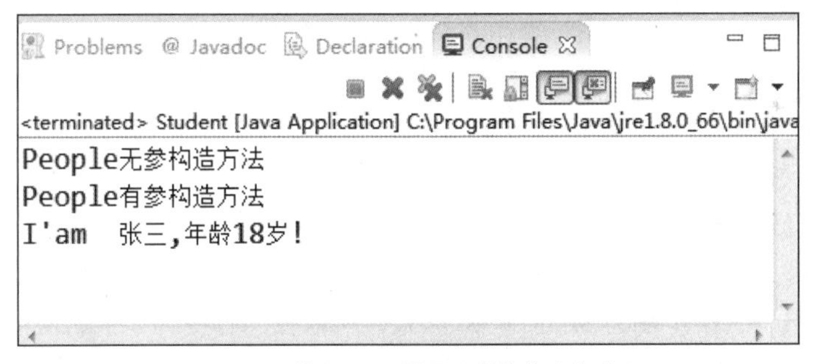

图5-4 使用super调用父类的构造方法

注意

super 调用和 this 调用很像，区别在于 super 调用的是其父类的构造方法，而 this 调用的是同一个类中重载的构造方法。因此，使用 super 调用父类构造也必须出现在子类构造执行体的第一行，所以 this 调用和 super 调用不会同时出现。

5.4 关键字 final 的应用

final 关键字可用于变量声明，一旦该变量被设定，就不可以再改变该变量的值。通常，由 final 定义的变量为常量。例如，在类中定义 PI 的值，可以使用如下语句：

```
final double PI = 3.14;
```

当在程序中使用到 PI 这个常量时，它的值就是 3.14，如果在程序中再次对定义为 final 的常量赋值，编译器将不会接受。

我们知道一个被定义为 final 的对象引用只能指向唯一一个对象，不可以将它再指向其他对象，但是一个对象本身的值却是可以改变的，那么为了使一个常量真正做到不可更改，可以将常量声明为 static final，为了验证，我们来看下面的实例。

例 5-7：static final 的组合。

源代码：FinalStaticDemo.java

```
public class FinalStaticDemo {//四边形类
    private static  Random ran = new Random();
    //随机产生 0~10 之间的随机数赋予定义为 final 的 value1
    private final int value1 = ran.nextInt(10);
    //随机产生 0~10 之间的随机数赋予定义为 static final 的 value2
    private static final int value2 = ran.nextInt(10);

    public static void main(String[] args) {
        FinalStaticDemo data1 = new FinalStaticDemo();
        System.out.println(data1.value1);
        System.out.println(data1.value2);
        FinalStaticDemo data2 = new FinalStaticDemo();
        System.out.println(data2.value1);
        System.out.println(data2.value2);
    }
}
```

运行结果如图 5-5 所示。

Console
<terminated> Final
7
2
3
2

图5-5　static final 的组合

从运行结果可以看出，定义为 final 的常量不是恒定不变的，将随机数赋予定义为 final 的常量，可以做到每次运行程序时改变 value1 的值，但是 value2 和 value1 不同，由于它被声明为 static final 形式，所以在内存中为 value2 开辟了一个恒定不变的区域，当再次实例化一个 FinalStaticDemo 对象时，仍然指向 value2 这块区域，所以 value2 的值保持不变。

value2 是在装载时被初始化的，而不是每次创建新对象时都被初始化，而 value1 会在重新实例化对象时被更改。

定义为 final 的方法不能被重写，将方法定义为 final 类型可以防止子类修改该类的定义与实现方式。在修饰权限中曾经提到过 private 修饰符，如果一个父类的某个方法被设置为 private 修饰符，子类将无法访问该方法，自然也无法覆盖该方法，所以一个定义为 private 的方法隐式被指定为 final 类型。

如果希望一个类不允许任何类继承，并且不允许其他人对这个类进行任何改动，可以将这个类设置为 final 形式。

如果将某个类设置为 final 形式，则类中的所有方法都被隐式设置为 final 形式，但是 final 类中的成员变量可以被定义为 final 或非 final 形式。

5.5 包及访问限定

在 Java 中，包（Package）是一种松散的类的集合，它可以将各种类文件组织在一起，就像磁盘的目录（文件夹）一样。无论是 Java 中提供的标准类，还是自己编写的类文件都应包含在一个包内。包的管理机制提供了类的多层次命名空间，避免了命名冲突问题，解决了类文件的组织问题，方便了使用。

5.5.1 Java 中常用的标准类包

Sun 公司在 JDK 中提供了各种实用类，通常被称之为标准的 API（Application Programming Interface），这些类按功能分别被放入了不同的包（Package）中，供大家开发程序使用。随着 JDK 版本的不断升级，标准类包的功能也越来越强大，使用也更为方便。

下面简要介绍其中最常用的几个包的功能。Java 提供的标准类都放在标准的包中，常用的一些包说明如下。

（1）java.lang

包中存放了 Java 最基础的核心类，诸如 System、Math、String、Integer、Float 等。在程序中，这些类不需要使用 import 语句导入即可直接使用。例如前面程序中使用的输出语句 System.out.println()、类常数 Math.PI、数学开方方法 Math.sqrt()、类型转换语句 Float.parseFloat()等。

（2）java.awt

包中存放了构建图形化用户界面（Graphical User Interface，GUI）的类，如 Frame、Button、TextField 等，使用它们可以构建出用户所希望的图形操作界面。

（3）javax.swing

包中提供了更加丰富的、精美的、功能强大的 GUI 组件，是 java.awt 功能的扩展，对应提供了如 JFrame、JButton、JTextField 等。在前面的例子中我们就使用过 JOptionPane 类的静态方法进行对话框的操作。它比 java.awt 相关的组件更灵活、更容易使用。

（4）java.applet

包中提供了支持编写、运行 applet（小程序）所需要的一些类。

（5）java.util

包中提供了一些实用工具类，如定义系统特性、使用与日期日历相关的方法，以及分析字符串等。

（6）java.io

包中提供了数据流输入/输出操作的类，如建立磁盘文件、读写磁盘文件等。

（7）java.sql

包中提供了支持使用标准 SQL 方式访问数据库功能的类。

（8）java.net

包中提供了与网络通信相关的类，用于编写网络实用程序。

5.5.2 包的创建及包中类的引用

如上所述，每一个 Java 类文件都属于一个包。也许你会说，在此之前，我们创建示例程序时，并没有创建过包，程序不是也正常执行了吗?

事实上，如果在程序中没有指定包名，系统默认为是无名包。无名包中的类可以相互引用，但不能被其他包中的 Java 程序所引用。对于简单的程序，使用不使用包名也许没有影响，但对于一个复杂的应用程序，如果不使用包来管理类，将会使程序的开发极为混乱。

下面简要介绍包的创建及使用。

将自己编写的类按功能放入相应的包中，以便在其他的应用程序中引用它，这是对面向对象程序设计者最基本的要求。可以使用 package 语句将编写的类放入一个指定的包中。package 语句的一般格式如下：

```
package 包名;
```

需要说明的是：

① 此语句必须放在整个源程序第一条语句的位置（注解行和空行除外）。

② 包名应符合标识符的命名规则，通常包名使用小写字母书写。可以使用多级结构的包名，如 Java 提供的类包那样：java.util、java.sql 等。事实上，创建包就是在当前文件夹下创建一个以包名命名的子文件夹并存放类的字节码文件。如果使用多级结构的包名，就相当于以包名中的“.”为文件夹分隔符，在当前的文件夹下创建多级结构的子文件夹并将类的字节码文件存放在最后的文件夹下。

下边举例说明包的创建。

例如，创建平面几何图形类 Shape、Triangle 和 Circle。现在要将它们的类文件代码放入 shape 包中，只需在 Shape.java、Triangle.java 和 Circle.java 这 3 个源程序文件中的开头（作为第一个语句）各自添加一条如下的语句：

```
packabe  shape;
```

就可以了。

在完成对程序文件的修改之后，重新编译源程序文件，生成的字节码类文件被放入创建的文件夹下。

一般情况下，程序员是在开发环境界面中单击编译命令按钮或图标执行编译的。但有时候，希望在 DOS 命令提示符下进行 Java 程序的编译、运行等操作。下面简要介绍一下 DOS 环境下编译带有创建包的源程序的操作。其编译命令的一般格式如下：

```
javac  -d  [文件夹名]  [.]源文件名
```

其中：

① -d 表明带有包的创建。

② 表示在当前文件夹下创建包。

③ 文件夹名是已存在的文件夹名，要创建的包将放在该文件夹下。

例如，要把上述的 3 个程序文件创建的包放在当前的文件夹下，则应执行如下编译操作：

```
javac  -d  .Shape.java
javac  -d  .Triangle.java
javac  -d  .Circle.java
```

如果想将包创建在 d:\java 文件夹下，执行如下的编译操作：

```
javac  -d  d:\java  Shape.java
javac  -d  d:\java  Triangle.java
javac  -d  d:\java  Circle.java
```

在执行上述操作之后，可以查看一下所生成的包 shape 文件夹下的字节码类文件。

5.5.3　引用类包中的类

在前面的程序中，已经多次引用了系统提供的包中的类。比如，使用 java.util 包中的 Date 类，创建其对象处理日期等。

一般来说，可以用如下两种方式引用包中的类。

① 使用 import 语句导入类，在前面的程序中已经使用过，其应用的一般格式如下：

```
import 包名.*;     //可以使用包中所有的类
```

或：

```
import 包名.类名;  //只装入包中类名指定的类
```

在程序中，import 语句应放在 package 语句之后，如果没有 package 语句，则 import 语句应放在程序开始，一个程序中可以含有多个 import 语句，即在一个类中，可以根据需要引用多个类包中的类。

② 在程序中直接引用类包中所需要的类。其引用的一般格式是：

```
包名.类名
```

例如，可以使用如下语句在程序中直接创建一个日期对象：

```
java.util.Date date1 = new java.util.Date( );
```

之前，已经将 Shape、Circle、Triangle 三个类的字节码类文件放在了 shape 包中，下面举例说明该包中类的引用。

例 5-8：求半径为 7.711 圆的面积以及圆内接正六边形的面积。

程序参考代码如下：

```
/**这是一个测试程序
 **主要是测试 shape 包中类的引用
 **/
package shape;
import shape.*;
public class TestShapeExam5_7
{
  public static void main(String [] args)
  {
    Circle c1=new Circle(7.711); //创建 Circle 对象
    Triangle t1=new Triangle(7.711,7.711,7.711); //创建 Triangle 对象
    System.out.println ("半径为 7.711 圆的面积="+c1.getArea());
    System.out.println ("圆的内接正六边形面积="+6*t1.getArea());
  }
}
```

编译、运行程序，执行结果如下：

```
半径为 7.711 圆的面积=186.79759435956802
圆的内接正六边形面积=154.48036704856298
```

在程序中，创建了一个 Circle 类对象和一个 Triangle 类对象。其实，要计算圆的面积和内接正六边形的面积，只需创建一个 Circle 对象就够了，引用对象的 remainArea()方法获得剩余面积，圆面积减去剩余面积就是正内接六边形的面积。

5.5.4 访问限定

在前面介绍的类、变量和方法的声明中都遇到了访问限定符，访问限定符用于限定类、成员变量和方法能被其他类访问的权限，之前只是简单介绍了其功能，且只使用了 public 和默认两种形式。在有了包的概念之后，将几种访问限定总结如下。

1. 默认访问限定

如果省略了访问限定符，则系统默认为是 friendly（友元的）限定。拥有该限定的类只能被所在包内的其他类访问。

2. public 访问限定

由 public 限定的类为公共类，公共类可以被所有的其他类访问。使用 public 限定符应注意以下两点：

① public 限定符不能用于限定内部类。

② 一个 Java 源程序文件中可以定义多个类，但最多只能有一个被限定为公共类。如果有公共类，则程序名必须与公共类同名。

3. private 访问限定

private 限定符只能用于成员变量、方法和内部类。私有的成员只能在本类中被访问，即只能在本类的方法中由本类的对象引用。

4. protected 访问限定

protected 限定符也只能用于成员变量、方法和内部类。用 protected 声明的成员也被称为受保护的成员，它可以被其子类（包括本包的或其他包的）访问，也可以被本包内的其他类访问。

综合上述，简要列出各访问限定的引用范围，见表 5-1。其中，“√”表示可访问，“×”表示不可访问。

表 5-1 访问限定的引用域

访问范围	同一个类	同一个包	不同包的子类	不同包非子类
public	√	√	√	√
默认	√	√	×	×
private	√	×	×	×
protected	√	√	√	×

5.5.5 实践任务——从子类继承父类资源

设计并封装一个父类 Customer，在父类 Customer 类的基础上，设计派生类 Member 会员类和 Guest 访客类，用于图书租赁管理系统中，以满足客户中会员和访客分别进行租书的要求。

源代码：Member.java

```
public class Member extends Customer {
    private final int ID = 0;
    private float deposit = 300;    //押金,默认值为300元
    private float balance = 0;      //账户余额,默认值为0元
    private int points = 0;         //积分,默认值为0分
    public Member(String name,String gender){
        super(name,gender);
    }
    //构造方法的重载
    public Member(String name,String gender,float deposit,float balance,int
points){
        super(name, gender);
        this.deposit = deposit;
        this.balance = balance;
        this.points = points;
    }
    public float getDeposit() {
        return deposit;
    }
    public void setDeposit(float deposit) {
        this.deposit = deposit;
    }
    public float getBalance() {
        return balance;
    }
    public void setBalance(float balance) {
        this.balance = balance;
    }
    public int getPoints() {
        return points;
    }
    public void setPoints(int points) {
        this.points = points;
    }
}
```

源代码：Guest.java

```
public class Guest extends Customer {
    private final int ID = 0;
    private float deposit = 300;    //押金,默认值为300元
    private float rent = 0;     //账户余额,默认值为0元
    public Guest(String name,String gender){
        super(name,gender);
    }
```

```
        //构造方法的重载
        public Guest(String name,String gender,float deposit,float rent){
            super(name, gender);
            this.deposit = deposit;
            this.rent = rent;
        }
        public float getDeposit() {
            return deposit;
        }
        public void setDeposit(float deposit) {
            this.deposit = deposit;
        }
        public float getRent() {
            return rent;
        }
        public void setRent(float rent) {
            this.rent = rent;
        }
    }
```

本章小结

本章重点介绍了 Java 面向对象开发三大特性中的继承性，读者需要理解继承性的概述，了解继承的机制，熟练应用继承性来提高代码的重用性，从而提高编码的效率。要了解在同一个包内和在不同的包之间，使用不同的访问控制权限的可见性，重点掌握方法的重写机制，为多态性的学习打下基础。

习题练习

编程题：

1. 定义 Person 类，有 4 个属性：String name、int age、String school 和 String major。

① 定义 Person 类的 3 个构造方法：

第一个构造方法 Person(String n, int a)设置类的 name 和 age 属性；

第二个构造方法 Person(String n, int a, String s)设置类的 name、age 和 school 属性；

第三个构造方法 Person(String n, int a, String s, String m)设置类的 name、age、school 和 major 属性。

② 在 main 方法中分别调用由不同的构造方法创建的对象，并输出其属性值。

2. 设计并封装 Student 类，包含有必要的成员属性和方法，其中成员属性中包含属性 teacher（班主任），将该属性置为静态的，在主类中创建若干名学生对象（对象数组实现），可设置所有学生的班主任信息，当班主任改变时，可以修改所有学生的班主任属性，让所有学生的该属性时刻保持一致，也可以输出创建的学生对象的个数。

3. (延续第 2 题) 设计并封装一个工具类 Tools，在该类中封装一个静态方法，该方法可实现根据班级内某课程不及格人数和单科补考收费统计输出全班应缴的总的补考费，要求在该方法中使用可变参数传递学生对象。

4. 设计并封装 Book 类和 User 类，设计用户菜单，模拟一次用户借书和还书的过程，输出必要的信息，例如借书者姓名、书名、借书日期、还书日期、应收费用等。

5. 自定义一个 Shape 类 (形状)，封装必要的属性和方法。自定义 Rectangle 类 (矩形类)，Square 类 (正方形类)。根据继承的原则，Rectangle 类可设为 Shape 类的子类，Square 类为 Rectangle 类的子类。试编程实现各形状的求面积操作，在代码中体现继承的机制，达到提高代码重用性的目标。

6. 模拟一次借书的过程，封装 Book 类和 User 类 (用户)，由用户类派生出两种子类：Member (会员) 类和 Visitor (访客) 类，试用继承的机制实现会员和访客两种不同用户借书的过程，体现出两种用户借书的不同过程。

6 Chapter

第6章 类的多态性

Java

学习目标

- 理解并掌握多态的概念
- 掌握对象转型和强制类型转换
- 掌握抽象类和抽象方法的使用
- 掌握接口的使用
- 理解抽象类和接口的联系和区别

本章将主要介绍面向对象编程的三大特性之一的多态性，介绍实现多态的机制——对象转型、继承和方法重写，重要的抽象类和抽象方法的使用，以及接口的定义和使用，并总结抽象类和接口之间的关联和异同。

6.1 类的多态性

“多态”字面意思代表“多种状态”。通过对继承的介绍，父类可以被多个子类继承，那么面向对象思想中“态”是指子类和父类两种状态，而一个父类可以拥有多个子类，将子类和父类汇总起来就可以成为多态。

6.1.1 对象转型

通过继承创建的子类是一个比父类更特殊、具体的类，即子类是父亲的一种特殊形式，可以描述为子类是父类的一种，比如在汽车管理系统中，可以将各种车对象之间的关系表示为：货车是车的一种；大客车是车的一种；小轿车是车的一种。那么，车就可以指货车、大客车和小轿车。这种关系可以用代码表示为：

```
Vehicle vehicle1 = new Car("小轿车", "奔驰", 50);
Vehicle vehicle2 = new Bus("大客车", "亚星", 80);
Vehicle vehicle3 = new Truck("货车", "东风", 100);
```

代码表示的含义是用一个父类的引用类型指向一个子类对象，如 vehicle1、vehicle2 和 vehicle3 都是父类类型的变量，分别让它们指向货车对象、客车对象和小轿车对象。

这是从概念上得出的结论，其通用父类类型引用子类对象的内在原因是：Car 类、Bus 类和 Truck 类是从 Vehicle 类派生出来的子类，它们包含了 Vehicle 类的属性和方法，同时还添加了自己的属性和方法，当然，此时无法通过 Vehicle 对象变量访问到 Car 类、Bus 类和 Truck 类对象中新增的属性和方法。

例 6-1：对象类型的转换。

源代码：Vehicle.java

```
public class Vehicle{
    private String type;
    private String brand;
    private double price;
    private String comment;
    public Vehicle(String type,String brand,double price) {
        this.type = type;
        this.brand = brand;
        this.price = price;
    }
    public void setComment(String comment){
        this.comment = comment;
    }
    public void showInfo(){
        System.out.println("类型:"+type);
```

```
        System.out.println("品牌:"+brand);
        System.out.println("价格:"+price);
        System.out.println("评论:"+comment);
    }
}
```

源代码：Bus.java

```
public class Bus extends Vehicle{
    private int numOfSeat;//座位数
    public Bus(String type, String brand, double price,int numOfSeat) {
        super(type, brand, price);
        this.numOfSeat = numOfSeat;
    }
}
```

源代码：BusToVehicle.java

```
public class BusToVehicle {
    public static void main(String[] args) {
        Vehicle vehicle = new Bus("大巴车", "亚星", 120, 60);
        vehicle.showInfo();
    }
}
```

运行结果如图 6-1 所示。

程序将创建一个大巴车对象赋给父类的引用类型 vehicle，然后，通过父类的引用调用了 showInfo()方法。从程序运行的结果可以看出，实际上执行的方法是子类的方法，即当父类类型引用的是子类对象时，通过引用访问的变量与方法实际上是引用所指向的实际子类对象的变量和方法。

Console ⊠
类型:大巴车
品牌:亚星
价格:120.0万元
评论:null

图6-1　对象类型的转换

将子类对象赋值给父类引用类型时，对象类型的转换过程是自动进行的。而要将一个父类对象类型转换为一个子类对象类型，则需要注意两点：

（1）只有当父类对象引用指向的实际上是一个子类对象时，才能将父类对象类型转换为子类对象类型；

（2）这种转换必须强制进行，系统不会自动进行转换。

如下面代码所示：

```
Vehicle vehicle = new Bus("大巴车", "奔驰", 105,60);
Bus bus = (Bus)vehicle;  //向下转型，强制完成
```

6.1.2 抽象类

在面向对象的概念中，我们知道所有的对象都是通过类来描绘的，但是并不是所有的类都是用来描绘对象的，如果一个类中没有包含足够的信息来描绘一个具体的对象，这样的类就是抽象类。

抽象类往往用来表征我们在对问题领域进行分析、设计中得出的抽象概念，是对一系列看上去不同，但是本质上相同的具体概念的抽象，我们不能把它们实例化（拿不出一个具体的东西）

所以称之为抽象。

比如：我们要描述“水果”，它就是一个抽象，它有质量、体积等一些共性（水果有质量），但又缺乏特性（苹果、橘子都是水果，它们有自己的特性），我们拿不出唯一一种能代表水果的东西（因为苹果、橘子都不能代表水果），可用抽象类来描述它，所以抽象类是不能够实例化的。当我们用某个类来具体描述“苹果”时，这个类就可以继承描述“水果”的抽象类，我们都知道“苹果”是一种“水果”。

在 Java 中，所谓的抽象类，即是在类的说明中用关键字 abstract 修饰的类。

一般情况下，抽象类中可以包含一个或多个只有方法声明而没有定义方法体的方法。当遇到这样一些类，类中的某个或某些方法不能提供具体的实现代码时，可将它们定义成抽象类。

定义抽象类的一般格式如下：

```
[访问限定符]  abstract  class  类名
{
   //属性说明
    ……
    //抽象方法声明
    ……
    //非抽象方法定义
    ……
}
```

注意

抽象方法只有声明，没有方法体，所以必须以“;”号结尾。

抽象类的出发点就是为了继承，否则它没有存在的任何意义。所以说定义的抽象类一定是用来继承的，同时在一个以抽象类为根节点的继承关系表中，该根节点的子节点一定是具体的实现类。

在使用抽象类时需要注意以下几点：

① 抽象类不能被实例化，实例化的工作应该交由它的子类来完成，它只需要有一个引用即可。

② 抽象方法必须由子类来进行重写。

③ 一个类中，只要有一个抽象方法，这个类必须被声明为成抽象类，不管是否还包含有其他方法。

④ 抽象类中可以包含具体的方法，当然也可以不包含抽象方法。

⑤ 子类中的抽象方法不能与父类的抽象方法同名。

⑥ abstract 不能与 final 并列修饰同一个类。

⑦ abstract 不能与 private、static、final 或 native 并列修饰同一个方法。

6.1.3　抽象方法

抽象方法是一种特殊的方法，它只有声明，而没有具体的实现，即定义方法时可以只给出方法头（包括方法名、形式参数列表、返回值类型及修饰符），而不必给出方法体（即方法实现的细节）。抽象方法的语法格式为：

```
[<修饰符>] abstract <返回值类型> <方法名> ([<参数列表>]);
```

例如：

```
abstract void fun();
```

抽象方法必须用关键字 abstract 进行修饰。这种方法只声明返回的数据类型、方法名称和所需的参数，没有方法体，也就是说抽象方法只需要声明而不需要实现。

注 意

抽象方法没有大括号，有大括号但大括号中没有任何内容的方法，仍不是抽象方法。抽象方法必须使用关键字 abstract 修饰，包含抽象方法的类必须声明为抽象类，即在声明类时也使用关键字 abstract 标明。

例 6-2：定义一个抽象动物类 Animal，每种动物都会叫，提供抽象方法叫 cry()，猫、狗都是动物类的子类，由于 cry()为抽象方法，所以 Cat、Dog 必须要实现 cry()方法。

```
源文件：Animal.java
/* 这是抽象的动物类的定义
  程序的名字是： Animal. java
 */
public abstract class Animal {
    public abstract void cry();
}
```

源文件：Cat.java

```
/* 这是猫类的定义
   程序的名字是： Cat.java
 */
public class Cat extends Animal{
    @Override
    public void cry() {
        System.out.println("猫叫：喵喵...");
    }
}
```

源文件：Dog.java

```
  /* 这是狗类的定义
     程序的名字是： Dog.java
  */
public class Dog extends Animal{
    @Override
   public void cry() {
       System.out.println("狗叫:汪汪...");
    }
}
```

源文件：Test.java

```
/* 这是测试类的定义
   程序的名字是：Test.java
 */
public class Test {
     public static void main(String[] args) {
       Animal a1 = new Cat();
       Animal a2 = new Dog();
       a1.cry();
       a2.cry();
     }
}
```

运行结果如下：

```
猫叫：喵喵...
狗叫：汪汪...
```

在例 6-2 中首先定义一个名为 Animal 类来描述“动物”，而“叫”虽是动物的共有动态特性，但因此时不能确定其具体实现细节而被定义为抽象方法。接下来子类 Cat 和 Dog 均继承了 Animal 类，重写了父类的抽象方法 cry()，以补全方法体，给出了该预期功能的实现细节。这种对抽象方法的实现也称为“实现”（implements）了该抽象方法。

例如，我们熟悉的平面几何图形类，对于圆、矩形、三角形、有规则的多边形及其他具体的图形，可以描述它们的形状并根据相应的公式计算出面积。那么任意的几何图形又如何描述呢？它是抽象的，我们只能说它表示一个区域，它有面积。那么面积又如何计算呢，我们不能给出一个通用的计算面积的方法来，这也是抽象的。

例 6-3：定义如上面所述的平面几何形状 Shape 类。

每个具体的平面几何形状都可以获得名字且都可以计算面积，我们定义一个方法 getArea()来求面积，但是在具体的形状未确定之前，面积是无法求值的，因为不同形状计算面积的数学公式不同，所以我们不可能写出通用的方法体来，只能声明为抽象方法。定义抽象类 Shape 的程序代码如下：

```
/* 这是抽象的平面形状类的定义
 * 程序的名字是：Shape.java
 */
public abstract class Shape
{
      String name;  //声明属性
      public abstract double getArea(); //抽象方法声明
}
```

在该抽象类中声明了 name 属性和一个抽象方法 getArea()。

下面通过派生不同形状的子类来实现抽象类 Shape 的功能。

如前所述，抽象类不能直接实例化，也就是不能用 new 运算符去创建对象。抽象类只能作为父类来使用，而由它派生的子类必须实现其所有的抽象方法，才能创建对象。

下面举例说明抽象类的实现。

例 6-4：派生一个三角形类 Tritangle，计算三角形的面积。

计算三角形面积的数学公式是：$area = \sqrt{s(s-a)(s-b)(s-c)}$

其中：a、b、c 表示三角形的三条边的边长；$s=(a+b+c)/2$。

示例代码如下：

```
/*这是定义平面几何图形三角形类的程序
程序的名字是：Triangle.java
*/
public class Triangle extends Shape  //这是 Shape 的派生子类
{
  double a,b,c;  //声明实例变量三角形 3 条边
  public Triangle() //构造方法
  {
    name="示例全等三角形";
    a=1.0;
    b=1.0;
    c=1.0;
  }
  public Triangle(double A,double B,double C)//构造方法
  {
    name="任意三角形";
    this.a= A;
    this.b= B;
    this.c= C;
  }

  public  double getArea()//重写抽象方法
  {
    double s=0.5*(a+b+c);
    return  Math.sqrt(s*(s-a)*(s-b)*(s-c));//使用数学开方方法
  }
}
```

下面编写一个测试 Triangle 类的程序。

例 6-5：给出任意三角形的 3 条边长为 5、6、7，计算该三角形的面积。程序代码如下：

```
/* 这是一个测试 Triangle 类的程序
* 程序的名字为：Exam6_5.java
*/
public class Exam6_5
{
  public static void  main(String [ ] args)
   {
     Triangle t1,t2;
     t1=new Triangle(5.0,6.0,7.0); //创建对象 t1
     t2=new Triangle(); //创建对象 t2
     System.out.println(t1.name+"的面积="+t1.getArea());
     System.out.println(t2.name+"的面积="+t2.getArea());
   }
}
```

编译、运行程序。程序的执行结果如下：

```
任意三角形的面积=14.696938456699069
示例全等三角形的面积=0.4330127018922193
```

例 6-3 中首先定义了一个名为 Shape 的抽象类来描述平面图形，其中属性 name 用于描述是什么类型的图形，而抽象方法 getArea()用于计算该图形的面积。由于图形的性质还没有确定，有可能是三角形，也有可能是平行四边形等，因此方法 getArea()并没有给出具体的实现细节，所以在此只能给出抽象方法。

例 6-4 是一个三角形的类，由于继承了抽象类 Shape，因此必须重写父类 Shape 中的抽象方法 getArea()以补全方法体，并给出了该预期功能的实现细节，这种对抽象方法的重写也称为“实现”（implements）了该抽象方法。Java 语言规定，子类必须实现其父类中的所有抽象方法，否则该子类也只能声明为抽象类，因为它也是“不完备”的。

抽象类主要是通过继承父类再由其子类发挥作用的，其作用包括两个方面：

① 代码重用，子类可以重用抽象父类中的属性和非抽象方法。

② 规划，子类中通过抽象方法的重写来实现父类的功能。

6.2 接口

6.2.1 接口概述

Java 语言中，除了类和数组之外，还可以定义和使用另外一类引用数据类型——接口（Interface）。

在具体讲解 Java 接口之前，先来了解一下生活中接口的概念和作用。现今的电视机产品虽然五花八门（包括等离子电视、液晶电视、投影电视等），但它们均使用了同样的视频接口接入有线电视信号，这样我们更换电视机非常方便，不必担心接口不匹配的问题；又如，早年的计算机上普遍应用 25 针的并行接口（Parallel Port/Interface）来连接打印机、扫描仪等设备，后来考虑到传输速度、连接设备数目和即插即用等性能，通用串行总线接口（Universal Serial Bus，USB）因其简单和通用性，现在已被普遍使用，甚至我国的手机充电器行业标准中也采用了 USB 接口。

在科技词典中，“接口”一词被视为“两个不同的系统（或程序）交接并通过它彼此作用的部分”。Java 语言中的情况类似，通过接口可以了解对象的交互界面，即明确对象所提供的功能及其调用格式，而不需了解其实现细节。

接口是一种与类相似又有区别的结构，接口的设计和调用也是 Java 程序设计中的重要技术。学习之初，可以将接口理解成一种极端的抽象类，该类中只有常量和抽象方法的定义，而不提供变量和方法的实现。例如：

```
public  interface  Shape // 接口关键字 interface
{
    double  PI=3.1415926; //PI 定义为常量
    double  getArea(); // getArea()为抽象方法
    double  getPerimeter();  // getPerimeter()为抽象方法
}
```

6.2.2 接口的定义

与类的结构相似，接口也分为接口声明和接口体两个部分。定义接口的一般格式如下：

```
[public] interface 接口名    //接口声明
{  //接口体开始
   //常量数据成员的声明及定义
        数据类型    常量名=常数值;
        ……
   //声明抽象方法
        返回值类型  方法名([参数列表]) [throw 异常列表] ;
        ……
} //接口体结束
```

对接口定义说明如下：

- 接口的访问限定只有 public 和缺省的。
- interface 是声明接口的关键字，与 class 类似。
- 接口的命名必须符合标识符的规定，并且接口名必须与文件名相同。
- 允许接口的多重继承，通过“extends 父接口名列表”可以继承多个接口。
- 对接口体中定义的常量，系统默认为是“public static final”修饰的，不需要指定。
- 对接口体中声明的方法，系统默认为是“public abstract”的，也不需要指定；对于一些特殊用途的接口，在处理过程中会遇到某些异常，可以在声明方法时加上“throw 异常列表”，以便捕捉出现在异常列表中的异常。有关异常的概念将在后面的章节讨论。

在前面简要介绍了平面几何图形类，定义了一个抽象类 Shape，并由它派生出 Circle、Triangle 类。下面将 Shape 定义为一个接口，由几何图形类实现由该接口完成面积和周长的计算。

例 6-6：定义接口类 Shape。程序代码如下：

```
/*本程序是一个定义接口类的程序
*程序的名字是：Shape.java
*接口名为：Shape、接口中包含常量 PI 和方法 getArea()、getGirth()声明
*/
public  interface  Shape
{
    double  PI=3.141596;
    double  getArea();
    double  getPerimeter();
}
```

在定义接口 Shape 之后，下面在定义的平面图形类中实现它。

想象一下，如果将上述代码中的关键字 interface 换为 class 是否感觉很像抽象类，在进一步了解接口的特性之前，可以将其当作抽象类来对待。换句话说，除非另做说明，否则先前关于 Java 类的一切规则均适用于接口，比如一个接口如果声明为 public，则其所在的 Java 源文件必须与该接口同名，且可以在不同的包中被引入和使用等。

6.2.3 接口的实现

所谓接口的实现，即是在实现接口的类中重写接口中给出的所有方法，书写方法体代码，完成方法所规定的功能。定义实现接口类的一般格式如下：

```
[访问限定符] [修饰符] class 类名 [extends 父类名]  implements 接口名列表
{      //类体开始标志
     [类的成员变量说明]  //属性说明
     [类的构造方法定义]
     [类的成员方法定义]  //行为定义
     /*重写接口方法*/
     接口方法定义        //实现接口方法
}    //类体结束标志
```

下面具体说明接口的实现。

例 6-7：定义一个梯形类来实现 Shape 接口。程序代码如下：

```
/**这是一个梯形类的程序
 ** 程序的名字：Trapezium.java. 它实现了 Shape 接口。
 */
public class Trapezium  implements Shape
{
  public double upSide;
  public double downSide;
  public double height;
  public Trapezium()
  {
   upSide=1.0;
   downSide=1.0;
   height=1.0;
  }
 public Trapezium(double upSide,double downSide,double height)
  {
    this.upSide=upSide;
    this.downSide=downSide;
    this.height=height;
  }
 public double  getArea()  //接口方法的实现
  {
    return 0.5*(upSide+downSide)*height;
  }
 public double  getGirth()  //接口方法的实现
  {    //尽管我们不计算梯形的周长，但也必须实现该方法。
    return 0.0;
  }
}
```

在程序中，实现了接口 Shape 中的两个方法。对于其他的几何图形，可以参照该例子写出程序。

需要提醒的是，可能实现接口的某些类不需要接口中声明的某个方法，但也必须实现它。类似这种情况，一般以空方法体（即以“{}”括起没有代码的方法体）实现它。

6.2.4 接口的多重继承

与 Java 类之间的继承关系类似，接口之间也可以继承，也就是说可以定义新的接口继承现有接口，添加新的常量属性和抽象方法定义，在其父接口的基础上进一步深化或分化其“规划”作用，当然最终还是要靠其类实现所有规划的功能。

例 6-8：先定义计算“加”和“减”的接口，以及计算“乘”和“除”的接口，然后 Compute 类继承两个接口，并实现接口中的方法。

```
public interface Math {//计算“加”和“减”的接口
  abstract void add(int a,int b);//计算 a+b
  abstract void sub(int a,int b);//计算 a-b
}
public interface Math2 {//计算“乘”和“除”的接口
    abstract void mul(int a, int b);//计算 a*b
    abstract void div(int a, int b);//a/b
}
class Compute implements Math,Math2 {//继承两个接口
     int answer;
     void show(){
       System.out.print("answer"+answer);
     }
     public  void add(int a, int b) {//实现接口中的方法
        answer = a + b;
    }
    public  void sub(int a, int b) {//实现接口中的方法
        answer = a - b;
    }
    public   void mul(int a, int b) {//实现接口中的方法
        answer = a * b;
    }

    public void div(int a, int b) {//实现接口中的方法
        answer = a / b;
    }
}
```

6.2.5 抽象类和接口的对比

抽象类和接口的对比见表 6-1，通过该表可了解何时使用抽象类或接口。

表 6-1　抽象类和接口的对比

参数	抽象类	接口
默认的方法实现	它可以有默认的方法实现	接口完全是抽象的，根本不存在方法的实现
实现	子类使用关键字 extends 来继承抽象类。如果子类不是抽象类的话，它需要提供抽象类中所有声明的方法的实现	子类使用关键字 implements 来实现接口。它需要提供接口中所有声明的方法的实现
构造器	抽象类可以有构造器	接口不能有构造器
与正常 Java 类的区别	除了不能实例化抽象类之外，它和普通 Java 类没有任何区别	接口是完全不同的类型
访问修饰符	抽象方法可以有 public、protected 和 default 这些修饰符	接口方法默认修饰符是 public，不可以使用其他修饰符
main 方法	抽象方法可以有 main 方法，并可以运行它	接口没有 main 方法，不能运行它
多继承	抽象方法可以继承一个类和实现多个接口	接口只可以继承一个或多个其他接口
速度	它比接口速度要快	接口的速度稍微有点慢，需要时间去寻找在类中实现的方法
添加新方法	在抽象类中添加新的方法，可以给它提供默认的实现，不需要改变现有的代码	在接口中添加方法，必须改变实现该接口的类

如果拥有一些方法并且想让它们中的一些有默认实现，那么使用抽象类吧。

如果想实现多重继承，那么必须使用接口。由于 Java 不支持多继承，子类不能够继承多个类，但可以实现多个接口，因此就可以使用接口来解决。

如果基本功能在不断改变，那么就需要使用抽象类。如果不断改变基本功能并且使用接口，那么就需要改变所有实现了该接口的类。

6.2.6　实践任务——用接口扩展类的功能

1. 定义接口 Bill（账单）

源代码：Bill.java

```
public interface Bill {
    public void bill();
}
```

2. 实现接口

在 Member 类实现接口，方法为 bill()。

源代码：Member.java

```
public class Member extends Customer implements Bill {
public void bill() {
        double sum = 0.0;
        System.out.println("结算信息");
        System.out.println("-----------------------------------");
        System.out.println("顾客姓名: " + customerName);
        SimpleDateFormat sdf = new SimpleDateFormat("yyyy-MM-dd");
        for (int i = 0; i < rentalNumber; i++) {
```

```
                System.out.print("书名: " + rentals[i].getBook().getTitle());
                double leaseMoney = 0;
                // 计算折扣
                leaseMoney = discount(leaseMoney);
                System.out.printf("\t 租金: %6.2f 元\n", leaseMoney);
                sum += leaseMoney;
            }
            System.out.println("-----------------------------------");
            System.out.printf("总租金: %6.2f 元\n", sum);
        }
    }
```

6.3 内部类

6.3.1 成员内部类

与普通的外层类不同，成员内部类与其所在的外层类之间存在着逻辑上的隶属关系，或者说依赖关系——内部类的对象不能单独存在，它必须依赖一个其外层类的对象。作为这种丧失“独立性”的“回报”，在内部类中可以直接访问其外层类中的成员，包括属性和方法，即使这些属性和方法声明为 private。下面结合一个简单的例子来说明内部类的用法。

例 6-9：成员内部类的使用举例。成员内部类是最普通的内部类，它位于另一个类的内部。

```
class Circle {
    double radius = 0;
    public Circle(double radius) {
        this.radius = radius;
    }
    class Draw {     //内部类
        public void drawSahpe() {
            System.out.println("drawshape");
        }
    }
}
```

这样看起来，类 Draw 像是类 Circle 的一个成员，Circle 称为外部类。成员内部类可以无条件访问外部类的所有成员属性和成员方法（包括 private 成员和静态成员）。

```
class Circle {
    private double radius = 0;
    public static int count =1;
    public Circle(double radius) {
        this.radius = radius;
    }
    class Draw {     //内部类
        public void drawSahpe() {
            System.out.println(radius);  //外部类的 private 成员
```

```
            System.out.println(count);    //外部类的静态成员
        }
    }
}
```

不过要注意的是，当成员内部类拥有和外部类同名的成员变量或者方法时，会发生隐藏现象，即默认情况下访问的是成员内部类的成员。如果要访问外部类的同名成员，需要以下面的形式进行访问：

```
外部类.this.成员变量
外部类.this.成员方法
```

虽然成员内部类可以无条件地访问外部类的成员，但外部类想访问成员内部类的成员却不是这么随心所欲了。在外部类中如果要访问成员内部类的成员，必须先创建一个成员内部类的对象，再通过指向这个对象的引用来访问。

```
class Circle {
    private double radius = 0;
    public Circle(double radius) {
        this.radius = radius;
        getDrawInstance().drawSahpe();//必须先创建成员内部类的对象，再进行访问
    }
    private Draw getDrawInstance() {
        return new Draw();
    }
    class Draw {     //内部类
        public void drawSahpe() {
            System.out.println(radius);  //外部类的private成员
        }
    }
}
```

成员内部类是依附外部类而存在的，也就是说，如果要创建成员内部类的对象，前提是必须存在一个外部类的对象。创建成员内部类对象的一般方式如下：

```
public class Test {
    public static void main(String[] args)  {
        //第一种方式：
        Outter outter = new Outter();
        Outter.Inner inner = outter.new Inner();
        //必须通过Outter对象来创建
        //第二种方式：
        Outter.Inner inner1 = outter.getInnerInstance();
    }
}
class Outter {
    private Inner inner = null;
    public Outter() {

    }
```

```
    public Inner getInnerInstance() {
        if(inner == null)
            inner = new Inner();
        return inner;
    }
    class Inner {
        public Inner() {
        }
    }
}
```

内部类可以拥有 private 访问权限、protected 访问权限、public 访问权限及包访问权限。比如上面的例子，如果成员内部类 Inner 用 private 修饰，则只能在外部类的内部访问，如果用 public 修饰，则任何地方都能访问；如果用 protected 修饰，则只能在同一个包下或者继承外部类的情况下访问；如果是默认访问权限，则只能在同一个包下访问。这一点与外部类有一些不一样，外部类只能被 public 和包访问两种权限修饰。

6.3.2 局部内部类

局部类是内部类的一种特殊形式，即在 Java 方法或语句块中定义的类型。局部类相当于方法中的局部变量，其作用域仅限于其所在的方法体或语句块，因此声明时不必也不允许加 private、protected 或 public 等访问控制修饰符，同时局部类中也不允许定义 static 属性和方法。相对于普通的内部类，局部类看起来是一种更“极端”的临时的、局部性模型。

局部内部类是定义在一个方法或者一个作用域里面的类，它和成员内部类的区别在于局部内部类的访问仅限于方法内或者该作用域内。

```
class People{
    public People() {
    }
}
class Man{
    public Man(){
    }
    public People getWoman(){
        class Woman extends People{   //局部内部类
            int age =0;
        }
        return new Woman();
    }
}
```

注意，局部内部类就像是方法里面的一个局部变量一样，是不能有 public、protected、private 以及 static 修饰符的。

6.3.3 匿名内部类

匿名类（Anonymous Class）是一种没有类名的内部类，通常更多地出现在事件处理的程序中。在某些程序中，往往需要定义一个功能特殊且简单的类，只想定义该类的一个对象，并把它作为参数传递给一个方法。此种情况下只要该类是一个现有类的派生或实现一个接口，就可以使用匿名类。

匿名内部类应该是平时编写代码时用得最多的类，在编写事件监听的代码时使用匿名内部类不但方便，而且使代码更加容易维护。作为内部类的另一种特殊形式，匿名类可以被认为是局部类的一种简化，当只在一处使用到某个类型时，可以将之定义为局部类，进而如果只是创建并使用该类的一个实例的话，那么连类的名字都可以省略。

```
import java.util.Date;
public class AnonymousInnerClass
{
   public String getDate(Date date)
   {
      return date.toLocaleString();
   }
   public static void main(String[] args)
   {
      AnonymousInnerClass test = new AnonymousInnerClass();
      // 打印日期:
      String str = test.getDate(new Date());
      System.out.println(str);
      System.out.println("----------------");
      // 使用匿名内部类
      String str2 = test.getDate(new Date()
      {
      });// 使用了花括号，但是不填入内容，执行结果和上面的完全一致
         // 生成了一个继承了 Date 类的子类的对象
      System.out.println(str2);
      System.out.println("----------------");

      // 使用匿名内部类，并且重写父类中的方法
      String str3 = test.getDate(new Date()
      {
         // 重写父类中的方法
         @Override
         @Deprecated
         public String toLocaleString()
         {
            return "Hello: " + super.toLocaleString();
         }
      });
      System.out.println(str3);
   }
}
```

匿名内部类就是没有名字的局部内部类，不使用关键字 class、extends、implements，没有

构造方法。匿名内部类隐式地继承了一个父类或者实现了一个接口。匿名内部类是唯一一种没有构造器的类。正因为其没有构造器，所以匿名内部类的使用范围非常有限，大部分匿名内部类用于接口回调。匿名内部类在编译的时候由系统自动起名为 Outter$1.class。一般来说，匿名内部类用于继承其他类或是实现接口，并不需要增加额外的方法，只是对继承方法的实现或是重写。

6.3.4 静态内部类

静态内部类（Static Inner Class）也称静态嵌套类（Static Nested Class），也是定义在另一个类里面的类，只不过在类的前面多了一个关键字 static。静态内部类是不需要依赖于外部类的，这点与类的静态成员属性有点类似，并且它不能使用外部类的非 static 成员变量或者方法，这点很好理解，因为在没有外部类的对象的情况下，可以创建静态内部类的对象，如果允许访问外部类的非 static 成员就会产生矛盾，因为外部类的非 static 成员必须依附于具体的对象。

```
public class OuterClass {
    private String sex;
    public static String name = "chenssy";
    /**
     *静态内部类
     */
    static class InnerClass1{
        /* 在静态内部类中可以存在静态成员 */
        public static String _name1 = "chenssy_static";
        public void display(){
            /*
             * 静态内部类只能访问外围类的静态成员变量和方法
             * 不能访问外围类的非静态成员变量和方法
             */
            System.out.println("OutClass name :" + name);
        }
    }

    /**
     * 非静态内部类
     */
    class InnerClass2{
        /* 非静态内部类中不能存在静态成员 */
        public String _name2 = "chenssy_inner";
        /* 非静态内部类中可以调用外围类的任何成员,不管是静态的还是非静态的 */
        public void display(){
            System.out.println("OuterClass name: " + name);
        }
    }

    /**
     * @desc 外围类方法
```

```
    */
    public void display(){
        /* 外围类访问静态内部类：内部类. */
        System.out.println(InnerClass1._name1);
        /* 静态内部类可以直接创建实例不需要依赖于外围类 */
        new InnerClass1().display();
        /* 非静态内部的创建需要依赖于外围类 */
        OuterClass.InnerClass2 inner2 = new OuterClass().new InnerClass2();
        /* 方位非静态内部类的成员需要使用非静态内部类的实例 */
        System.out.println(inner2._name2);
        inner2.display();
    }
    public static void main(String[] args) {
        OuterClass outer = new OuterClass();
        outer.display();
    }
}
```

与一般内部类不同，在静态代码中不能够使用 this 操作，所以在静态内部类中只可以访问外部类的静态变量和静态方法。使用静态内部类的目的与使用内部类相同。如果一个内部类不依赖于其外部类的实例变量，或与实例变量无关，则选择应用静态内部类。

只有顶层类或静态嵌套类中才可以定义 static 成员，而非静态的内部类中则不允许。此外，Java 语言在类定义的嵌套层次上并无限制，即可以进行多层次的类嵌套定义，但不允许存在嵌套关系的类（外层类和其中的嵌套类）之间出现同名，因为这会导致使用上的混乱。

最后，总结一下 Java 的常用修饰符及其使用范围，具体见表 6-2。

表 6-2 Java 常用的修饰符及其适用范围

范围 修饰符	类	接口	枚举类型	注解类型	类中属性	类中方法	构造方法	初始化块	内部类
private					√	√	√		√
默认	√	√	√	√	√	√	√	√	√
protected					√	√	√		√
public	√	√	√	√	√	√	√		√
abstract	√	√				√			√
final	√				√	√			√
static					√	√		√	√

本章小结

本章介绍了类的多态性，类的多态性是通过类的成员方法的重写来体现的，抽象类和接口的使用过程中，都体现出了类的多态性特征，读者主要掌握抽象类和接口之间的异同，以及抽象类和接口的使用方法。

习题练习

编程题：

1. 编写一个 Employee 类，声明为抽象类，包含如下 3 个属性：name、id、salary。提供必要的构造器和抽象方法：work()。对于 Manager 类来说，他既是员工，还具有奖金（bonus）的属性。请使用继承的思想，设计 CommonEmployee 类和 Manager 类，要求类中提供必要的方法进行属性访问。

2. 编写一个 Vehicle 车辆类，将该类置为 abstract 抽象类，封装车辆类中必要的成员属性，并添加对应的 setter()和 getter()方法。封装一个抽象方法 getToll()实现获取通行费的功能。在两个子类 Car 类和 Truck 类中，继承 Vehicle 类并实现 getToll()方法，实现 Car 类和 Truck 类对象不同的收取高速通行费的功能（高速公路收费按照车型单公里的费用 × 行驶的公里数）。

3. 设计一个 Shape 接口和它的两个实现类 Square 和 Circle，要求如下：

（1）Shape 接口中有一个抽象方法 area()，方法接收有一个 double 类型的参数，返回一个 double 类型的结果。

（2）Square 和 Circle 中实现了 Shape 接口的 area()抽象方法，分别求正方形和圆形的面积并返回。

在测试类中创建 Square 和 Circle 对象，计算边长为 2 的正方形面积和半径为 3 的圆形面积。

4. 编写 2 个接口：InterfaceA 和 InterfaceB；在接口 InterfaceA 中有个方法 void print CapitalLetter()，在接口 InterfaceB 中有个方法 void printLowercaseLetter()；然后封装一个类 Print 实现接口 InterfaceA 和 InterfaceB，要求 printCapitalLetter()方法实现输出大写英文字母表的功能，printLowercaseLetter()方法实现输出小写英文字母表的功能。再写一个主类 TestInterface，在主类 TestInterface 的 main 方法中创建 Print 的对象并赋值给 InterfaceA 的变量 a，对象 a 调用 printCapitalLetter 方法；最后再在主类 TestInterface 的 main 方法中创建 Print 的对象并赋值给 InterfaceB 的变量 b，对象 b 调用 printLowercaseLetter 方法。

5. 实现名为 Person 的类和它的子类 Employee，Manager 是 Employee 的子类，设计一个接口 Add 用于涨工资的操作。普通员工每次能涨 10%，经理能涨 20%，具体要求如下。

（1）Person 类属性：姓名 name（string 类型）、地址 address（string 类型）并写该类构造。

（2）Employee 类属性：工号 ID（string 类型）、工资 wage（double 类型）、工龄 service_year（int 型）并写出该类的构造方法。

（3）Manager 类属性：级别 level（string 类型），写出该类的构造方法。

编写一个测试类，产生一个员工和一个经理并输出其具有的信息。

6. 创建一个名称为 Vehicle 的接口，在接口中添加两个带有一个参数的方法 start()和 stop()。在两个名称分别为 Bike 和 Bus 的类中实现 Vehicle 接口。创建一个名称为 InterfaceDemo 的主类，在 InterfaceDemo 的 main()方法中创建 Bike 和 Bus 对象，并访问 start()和 stop()方法。

7. 利用接口做参数，写个计算器，能完成+-*/运算。

（1）定义一个接口 Compute，含有一个方法 int computer(int n,int m)。

（2）设计 4 个类分别实现此接口，完成+-*/运算。

（3）设计一个类 UseCompute，含有方法：public void useCom(Compute com, int one, int two)。

此方法要求能够：①用传递过来的对象调用 computer 方法完成运算；②输出运算的结果。

设计一个测试类，调用 UseCompute 中的方法 useCom 来完成+-*/运算。

8. 按要求编写程序。

（1）定义一个接口用来实现两个对象的比较：

```
interface CompareObject{
public int compareTo(Object o);   //若返回值是 0，代表相等;若为正数，代表当前对象
大；负数代表当前对象小
}
```

（2）定义一个 Circle 类，封装必要的属性 radius 半径以及必要的成员方法。

（3）定义一个 ComparableCircle 类，继承 Circle 类并且实现 CompareObject 接口。在 ComparableCircle 类中给出接口中方法 compareTo 的实现体，用来比较两个圆的半径大小。

（4）定义一个 Rectangle 类，封装必要的属性 length 和 width 以及必要的成员方法。

（5）定义一个 ComparableRectangle 类，继承 Circle 类并且实现 CompareObject 接口。在 ComparableRectangle 类中给出接口中方法 compareTo 的实现体，用来比较两个矩形的面积大小。

（6）定义一个测试类 TestInterface，创建两个 ComparableCircle 对象和两个 Comparable Rectangle 对象，调用 compareTo 方法分别比较两个圆和两个矩形的大小。

7 Chapter

第7章 异常处理

Java

学习目标

- 理解并常握异常的类型
- 掌握异常的处理机制
- 掌握 try-catch 语句的使用
- 掌握 throw 和 throws 的使用
- 掌握自定义异常的方法

本章将介绍异常的使用方法，程序的运行过程中无法避免地会发生异常事件，如果程序运行中发生异常，程序将会中断，直接影响用户的使用体验，所以异常的处理十分重要。对于异常可以通过 try-catch 语句来处理。用户也可以自定义异常，或自行抛出异常来自行处理异常情况。

7.1 异常概述

在程序运行时经常会出现一些非正常的现象，如死循环、非正常退出等，称为运行错误。根据错误性质将运行错误分为两类：错误和异常。

1. 致命性的错误

如程序进入了死循环，或递归无法结束，或内存溢出，这类现象称为错误。错误只能在编程阶段解决，运行时程序本身无法解决，只能依靠其他程序干预，否则会一直处于非正常状态。

2. 非致命性的异常

如运算时除数为 0，或操作数超出数据范围，或打开一个文件时发现文件并不存在，或欲装入的类文件丢失，或网络连接中断等，这类现象称为异常。在源程序中加入异常处理代码，当程序运行中出现异常时，由异常处理代码调整程序运行方向，使程序仍可继续运行直至正常处理。

在 Java 语言中，程序运行出错被称为出现异常，可以认为异常（Exception）是程序运行过程中发生的事件，该事件可以中断程序指令的正常执行流程。异常事件又可分为很多种，比如数组元素下标越界、数学上的除 0 操作、文件找不到等，为了更直观，下面给出一个具体的 Java 程序运行时出现的运行异常的例子。

例 7-1：

```
public class HelloWorld {
  public static void main (String args[]) {
    int i = 0;
    String greetings [] = {
      "Hello world!",
      "No, I mean it!",
      "HELLO WORLD!!"
    };
    while (i < 4) {
      System.out.println (greetings[i]);
      i++;
    }
  }
}
```

正常情况下，当异常被抛出时，在其循环被执行 4 次之后，程序终止，并带有错误信息，就如前面所示的程序那样。

```
c:\student\> java HelloWorld
Hello world!
No, I mean it!
HELLO WORLD!!
```

```
java.lang.ArrayIndexOutOfBoundsException: 3
    at HelloWorld.main(HelloWorld.java:12)
```

上述代码中，由于定义的一维数组的元素个数为 3 个，而接下来的 while 循环中却试图循环 4 次以访问其中的第 4 个元素，编译时编译器只检查变量是否已经通过初始化，即变量是否已被赋值（未赋过值的变量不能使用），但并不记录变量的值，也不会检查数组元素下标是否存在越界的问题。当程序运行时，前 3 次 while 循环顺利进行，依次访问并输出前 3 个数组元素的值，当循环到第 4 次时因数组下标越界出错，系统监测到出错并输出错误类型和出错位置等具体错误信息。

7.2 异常分类及常见异常

在 Java 编程语言中，异常可分为 3 种，即 Error、RuntimeException 和普通异常。Java.lang.Throwable 类充当所有对象的父类，可以使用异常处理机制将这些对象抛出并捕获。在 Throwable 类中定义方法来检索与异常相关的错误信息，并打印显示异常发生的栈跟踪信息。它有 Error 和 Exception 两个基本子类，如图 7-1 所示。

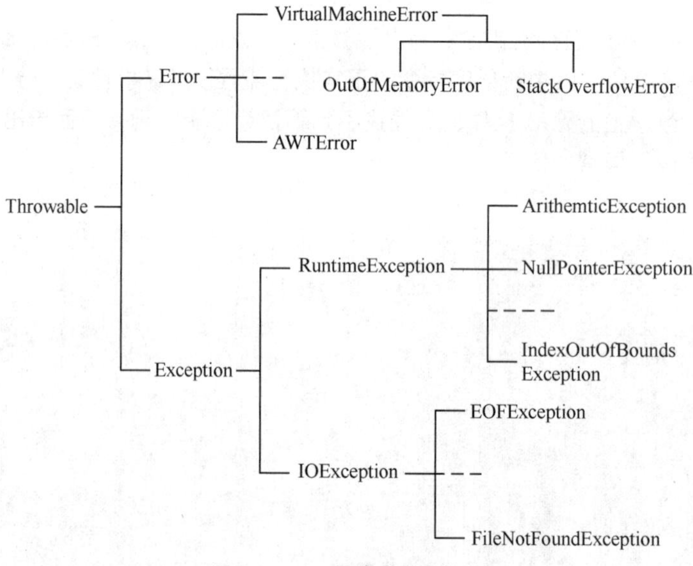

图7-1 Java异常类层次结构

Throwable 类不能使用，而使用子类异常中的一个来描述任何特殊异常。每个异常的目的描述如下。

- Error 表示恢复不是不可能但很困难的情况下的一种严重问题。比如说内存溢出。不可能指望程序能处理这样的情况。
- RuntimeException 表示一种设计或实现问题。也就是说，它表示如果程序运行正常，从不会发生的情况。比如，如果数组索引扩展不超出数组界限，那么，ArrayIndexOutOfBounds Exception 异常从不会抛出。这也适用于取消引用一个空值对象变量。因为一个正确设计和实现的程序从不出现这种异常，通常对它不做处理。这会导致一个运行时信息，应确保能采取措施更正问题，而不是将它藏到谁也不注意的地方。

- 其他异常表示一种运行时的困难，它通常由环境效果引起，可以进行处理。例如：文件未找到或无效 URL 异常（用户打了一个错误的 URL），如果用户误打了什么东西，两者都容易出现。这两者都可能是因为用户错误而出现的，这就鼓励程序员去处理它们。

下面介绍常见的异常类，它们都是 RuntimeException 的子类。

（1）算术异常 ArithmeticException

如果除数为 0，或用 0 取模会产生 ArithmeticException，其他算术操作不会产生异常。

（2）空指针异常 NullPointerException

当程序试图访问一个空对象中的变量或方法，或一个空数组中的元素时则会引发 NullPointer Exception 异常。例如：

```
int a[]=null;
a[0]=0;              //访问长度为 0 的数组，产生 NullPointerException
String str=null;
System.out.println(str.length());//访问空字符串的方法，产生 NullPointerException
```

（3）类型强制转换异常 ClassCastException

进行类型强制转换时，对于不能进行的转换操作产生 ClassCastException 异常。例如：

```
Object obj=new Object();
String str=(String)obj;
```

上述语句试图把 Object 对象强制转换成 String 对象 str，而 obj 既不是 String 的实例，也不是 String 子类的实例，系统在转换时将产生 ClassCastException 异常。

（4）数组负下标异常 NegativeArraySizeException

如果一个数组的长度是负数，则会引发 NegativeArraySizeException 异常。例如：

```
int a[]=new int[-1];          //产生 NegativeArraySizeException 异常
```

（5）数组下标越界异常 ArrayIndexOutOfBoundsException

试图访问数组中的一个非法元素时，引发 ArrayIndexOutOfBoundsExceptiony 异常。

例如：

```
int a[]=new int[1];
a[0]=0;
a[1]=1;                       //数组下标越界异常
```

7.3 捕获异常

Java 提供了异常处理机制，它是通过面向对象的方法来处理异常的，如图 7-2 所示。

1. 抛出异常

当程序发生异常时，产生一个异常事件，生成一个异常对象，并把它提交给运行系统，再由运行系统寻找相应的代码来处理异常。这个过程称为抛出（throw）一个异常。一个异常对象可以由 Java 虚拟机生成，也可以由运行的方法生成。异常对象中包含了异常事件类型、程序运行状态等必要的信息。

2. 捕获异常

异常抛出后，运行时系统从生成对象的代码开始，沿方法的调用栈逐层回溯查找，直到包含相应处理的方法，并把异常对象交给该方法为止，这个过程称为捕获（catch）一个异常。

简单地说，发现异常的代码可以“抛出”一个异常，运行系统“捕获”该异常，交由程序员编写的相应代码进行异常处理。

3. 异常处理的类层次

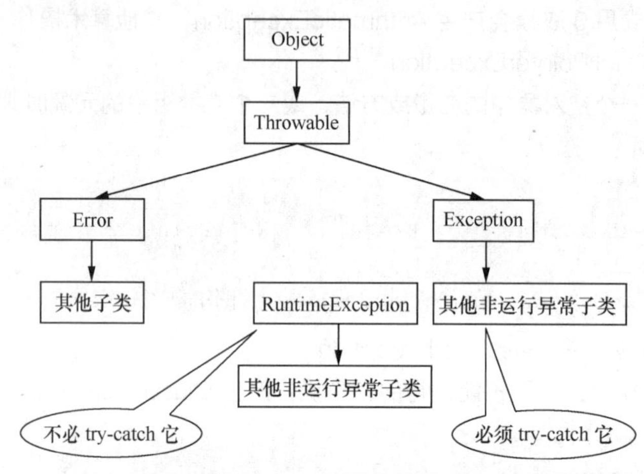

图7-2 Java异常处理机制

Throwable 类是直接由 Object 类继承而来的一个类，可见 Java 对异常控制是非常重视的。

4. 程序对错误与异常的 3 种处理方式

（1）程序不能处理的错误

Error 类为错误类，如内存溢出、栈溢出等。这类错误一般由系统进行处理，程序本身无须捕获和处理。例如，运行没有 main 方法的类将产生 NoClassDefFoundError 错误。

（2）程序应避免产生而不是捕获异常

对于运行时的异常类（RuntimeException），如数组越界等，在程序设计正常时不会发生，在编程时使用数组长度 a.length 来控制数组的上界即可避免异常发生，而无须使用 try-catch-finally 语句。因此，这类异常应通过程序调试尽量避免而不是去捕获它。

（3）必须捕获的异常

有些异常在编写程序时是无法预料的，如文件没找到异常、网络通信失败异常等。因此，为了保证程序的健壮性，Java 要求必须对可能出现这些异常的代码使用 try-catch-finally 语句，否则编译无法通过。

例 7-2：文件没有找到异常类。

本例访问文件 autoexec.bat。在程序中使用了 FileInputStream 类，在访问文件时会产生文件不存在的异常对象（FileNotFoundException），所以必须捕获这个异常，否则编译就会出错。

代码：

```
import java.io.*;
public class Try3
{
    public static void main(String args[])
    {
        FileInputStream fis=new FileInputStream("autoexec.bat");
        System.out.println("I can not found this file!");
    }
}
```

例 7-3：产生数组下标越界异常。

打印一个数组的所有值。程序编译时没有问题，但运行时正常输出了循环的 4 句，但在试图输出 a[4]时，Java 抛出了一个数组越界异常类（java.lang.ArrayIndexOutOfBoundsException），以及异常发生所在的方法（Try1.main），同时终止程序运行。

```
public class Try1
{
    public static void main(String args[])
    {
        int i=0;
        int a[]={5,6,7,8};
        for(i=0;i<5;i++)
            System.out.println("a["+i+"]="+a[i]);
     }
}
```

程序运行结果如下：

```
a[0]=5
a[1]=6
a[2]=7
a[3]=8
Exception in thread "main" java.lang.ArrayIndexOutOfBoundsException: 4
   at Try1.main(Try1.java:9)
```

一般来说，系统捕获抛出的异常对象并输出相应的信息，同时终止程序运行，导致其后的程序无法运行。这其实并不是人们所期望的，因此就需要能让程序来接收和处理异常对象，从而不会影响其他语句的执行，这就是捕获异常的意义所在。

在 Java 的异常处理机制中，提供了 try-catch-finally 语句来捕获和处理一个或多个异常，语法格式如下：

```
try
{
   <语句 1>
}
catch (ExceptionType1 e)
{
```

```
    <语句 2>
}
finally
{
    <语句 3>
}
```

其中，<语句 1>是可能产生异常的代码；<语句 2>是捕获某种异常对象时进行处理的代码，ExceptionType1 代表某种异常类，e 为相应的对象；<语句 3>是其后必须执行的代码，无论是否捕获到异常。

catch 语句可以有一个或多个，但至少要有一个 catch 语句，finally 语句可以省略。

try-catch-finally 语句的作用是，当 try 语句中的代码产生异常时，根据异常的不同，由不同 catch 语句中的代码对异常进行捕获并处理；如果没有异常，则 catch 语句不执行；而无论是否捕获到异常都必须执行 finally 中的代码。

例 7-4：异常捕获和处理。

本例使用 try-catch-finally 语句对例 7-3 中产生的异常进行捕获和处理。

```
public class Try2{
    public static void main(String args[])    {
        int i=0;
        int a[]={5,6,7,8};
        for(i=0;i<5;i++) {
            try {
                System.out.println("a["+i+"]="+a[i]);
            }
            catch(ArrayIndexOutOfBoundsException e) {
                System.out.println("数组下标越界异常！");
            }
            finally {
                System.out.println("fianlly i="+i);
            }
        }
    }
}
```

程序运行结果如下：

```
a[0]=5
fianlly i=0
a[1]=6
fianlly i=1
a[2]=7
fianlly i=2
a[3]=8
fianlly i=3
数组下标越界异常！
```

```
fianlly i=4
```

通过这个例子，再来深入讨论 try-catch-finally 语句，以及使用时要注意的问题。

（1）try 语句

try 语句大括号{ }中的这段代码可能会抛出一个或多个异常。也就是说，当某段代码在运行时可能产生异常的话，需要使用 try 语句来试图捕获这个异常

（2）catch 语句

catch 语句的参数类似于方法的声明，包括一个异常类型和一个异常对象。

catch 语句可以有多个，分别处理不同类的异常。Java 运行时系统从上向下分别对每个 catch 语句处理的异常类型进行检测，直到找到与类型相匹配的 catch 语句为止。

如果程序产生的异常和所有 catch 处理的异常都不匹配，则这个异常将由 Java 虚拟机捕获并处理，此时与不使用 try-catch-finally 语句是一样的，这显然也不是我们所期望的结果。因此，一般在使用 catch 语句时，最后一个将捕获 Exception 这个所有异常的超类，从而保证异常由对象自身来捕获和处理。

（3）finally 语句

try 所限定的代码中，当抛出一个异常时，其后的代码不会被执行。通过 finally 语句可以指定一块代码，无论 try 所指定的程序块中抛出异常，也无论 catch 语句的异常类型是否与所抛出的异常的类型一致，finally 所指定的代码都要被执行，它提供了统一的出口。该语句是可以省略的。

7.4 抛出异常

7.4.1 声明抛出异常

如前所述，在捕获一个异常前，必须有一段代码生成一个异常对象并把它抛出。抛出异常的既可以是 Java 运行时系统，如例 7-2；也可以是程序员自己编写的代码，即在 try 语句中的代码本身不会有系统产生异常，而是由程序员故意抛出异常。

1. 使用 throw 语句抛出异常

使用 throw 语句抛出异常格式如下：

```
throw <异常对象>
```

其中，throw 是关键字；<异常对象>是创建的异常类对象。

例 7-5：抛出异常。

设计思路：本例为求 1～20 的阶乘。在该例中使用主动抛出异常、再捕获并处理异常的方式解决数据溢出的问题。在每次乘法前先判断，如果结果会溢出，则由 throw 语句抛出一个异常，再由 catch 语句对捕获的异常进行处理。

```
public class Try5{
  public void run(byte k)   {
      byte y=1,i=1;
      System.out.print(k+"!=");   //不换行输出
      for(i=1;i<=k;i++)
```

```
        {
           try
           {
              if(y>Byte.MAX_VALUE/i)          //Integer类的常量，表示最大值
                 throw new Exception("overflow");  //溢出时抛出异常
              else
                 y=(byte)(y*i);
           }
           catch(Exception e)
           {
              System.out.println("exception:"+e.getMessage());
              e.printStackTrace();     //显示异常信息
              System.exit(0);
           }
        }
     System.out.println(y);
   }

   public static void main(String args[])
   {
      Try5 a=new Try5();
       for(byte i=1;i<=20;i++)
          a.run(i);
    }
}
```

程序运行结果如下：

```
1!=1
2!=2
3!=6
4!=24
5!=120
6!=exception:overflow
java.lang.Exception: overflow
  at Try5.run(Try2.java:13)
  at Try5.main(Try2.java:31)
```

2. 抛出异常的方法与调用方法处理异常

（1）抛出异常的方法

在方法声明中，添加 throws 子句表示该方法将抛出异常。带有 throws 子句的方法的声明格式如下：

```
[<修饰符>]<返回值类型><方法名>([<参数列表>])[throws<异常类>]
```

其中，throws 是关键字；<异常类>是方法要抛出的异常类，可以声明多个异常类，用逗号隔开。

注意

将 throws 子句与 throws 在语法和使用上要加以区别。

（2）由调用方法处理异常

由一个方法抛出异常后，系统将异常向上传播，由调用它的方法来处理这些异常。

例 7-6：抛出异常的方法与调用方法处理异常。

本例在计算阶乘的 calc 方法中抛出数据溢出的异常。程序运行时，在 calc 方法中生成的异常通过调用栈传递给 run 方法，由 run 方法进行处理。

```
public class Try6{
  public void calc(byte k) throws Exception {    //抛出异常
    byte y=1,i=1;
    System.out.print(k+"!=");
    for(i=1;i<=k;i++) {
      try{
        if(y>Byte.MAX_VALUE/i)            //Integer类的常量，表示最大值
           throw new Exception("overflow");  //溢出时抛出异常
        else
           y=(byte)(y*i);
       }
      catch(Exception e){
         System.out.println("exception:"+e.getMessage());
         e.printStackTrace();
         System.exit(0);
       }
    }
   System.out.println(y);
 }
 public void run(byte k){    //捕获并处理异常
  try {
      calc(k);
    }
    catch(Exception e) {
       System.out.println("exception:"+e.getMessage());
       e.printStackTrace();
       System.exit(0);
     }
   }
 public static void main(String args[]){
    Try6 a=new Try6();
     for(byte i=1;i<=20;i++)
       a.run(i);
  }
}
```

程序运行效果如下：

```
1!=1
2!=2
3!=6
4!=24
5!=120
6!=exception:overflow
java.lang.Exception: overflow
  at Try6.calc(Try6.java:13)
  at Try6.run(Try6.java:32)
at Try6.main(Try6.java:35)
```

同 throw 一样，如果某个方法声明抛出异常，则调用它的方法必须捕获及处理异常，否则会出现异常错误。

3. 由方法抛出异常交系统处理

对于程序中需要处理的异常，一般编写 try-catch-finally 语句捕获并处理；而对于程序中无法处理必须由系统处理的异常，可以使用 throw 语句在方法中抛出异常交系统处理。例如，对于文件流操作，将必须捕获的系统定义的异常交由系统处理。

```
public class Demo1   //异常用法举例
{
    static int a,b,c;
    public static void main(String args[])
    {
        try
        {   a=100;
            b=Integer.parseInt(args[0]);
            if(b==13)
               throw(new ArithmeticException());  //方法中抛出异常
            c=a/b;
            System.out.println("a/b="+c);
        }
        catch(ArrayIndexOutOfBoundsException e)
        {System.out.println("没有命令行第一个参数");}
        catch(ArithmeticException e)
        {System.out.println("算数运算错误");}
    }
}
```

运行结果如下：

```
没有命令行第一个参数
```

7.4.2 实践任务——手动抛出异常

实现对手机号码格式的处理，如果用户在输入手机号码时长度不正确或者有非数字字符输入则抛出异常。

源代码：TelNumberExceptionDemo.java

```
import java.util.Scanner;
public class TelNumberExceptionDemo {
    private static String telNumber = null;
    public static String getNumber(){
        Scanner input = new Scanner(System.in);
        System.out.println("请输入11位数字手机号码：");
        String num = input.next();
        return num;
    }
    public static void main(String[] args) {
        try {
            telNumber = getNumber();
            if(telNumber.length() != 11){
                throw new Exception("手机号码长度不是11位");
            }else{
                char[] numChar = telNumber.toCharArray();
                for (int i = 0; i < numChar.length; i++) {
                    if(numChar[i]<48 || numChar[i] > 57)
                        throw new Exception("手机号码中包含非数字!");
                }
            }
        } catch (Exception e) {
            System.err.println(e.getMessage());
        }
    }
}
```

7.5 自定义异常类

7.5.1 何时自定义异常类

虽然 Java 已经预定义了很多异常类，但有的情况下，程序员不仅需要自己抛出异常，还要创建自己的异常类。这时可以通过创建 Exception 的子类来定义自己的异常类。

下面给出一些原则，提示读者何时需要自定义异常类。满足下列任何一种或多种情况就应该考虑自己定义异常类。

① Java 异常类体系中不包含所需要的异常类型。

② 用户需要将自己所提供类的异常与其他人提供的异常进行区分。

③ 类中将多次抛出这种类型的异常。

④ 如果使用其他程序包中定义的异常类，将影响程序包的独立性与自包含性。

例 7-7：自定义异常类。

定义一个异常类 MyException，该类是 java.lang.Exception 类的子类，只包含了两个简单的构造方法。UsingMyException 类包含了两个方法 f()和 g()，这两个方法中分别声明并抛出了 MyException 类型的异常。在 TestMyException 类的 main()方法中，访问了 UsingMyException 类的 f()和 g()，并用 try-catch 语句实现了异常处理。在捕获了 f() 和 g()抛出的异常后，将在相应的 catch 语句块中输出异常的信息，并输出异常发生位置的堆栈跟踪轨迹。

源代码：MyException.java

```
class MyException extends Exception                        //自定义异常类
{
    MyException() {  }
   MyException(String msg)
   {   super(msg);    }
}
class UsingMyException                                     //抛出异常类
{
   void f() throws MyException
   {
       System.out.println("Throws MyException from f()");
       throw new MyException();
   }
   void g() throws MyException
   {
       System.out.println("Throws MyException from g()");
      throw new MyException("originated in g()");
   }
}
public class TestMyException                               //捕获并处理异常
{
    public static void main(String args[])  {
      UsingMyException m=new UsingMyException(); //创建自定义异常类对象
      try  {
           m.f();
      }
      catch(MyException e) {
          e.printStackTrace();
      }
     try{
         m.g();
      }
     catch(MyException e) {
         e.printStackTrace();
     }
   }
}
```

程序运行结果如下：

```
Throws MyException from f()
MyException
Throws MyException from g()
     at UsingMyException.f(TestMyException.java:17)
     at TestMyException.main(TestMyException.java:32)
MyException: originated in g()
     at UsingMyException.g(TestMyException.java:22)
     at TestMyException.main(TestMyException.java:40)
```

7.5.2　实践任务——自定义异常类

自定义异常类 BalanceInsufficientException 处理因会员余额不足无法支付租金的情况。

源代码：BalanceInsufficientException.java

```
public class BalanceInsufficientException extends Exception {
    public BalanceInsufficientException(String msg){
        super(msg);
    }
}
```

源代码：UserExceptionDemo.java

```
public class UserExceptionDemo {
    private static Member  member = null;
    public static void main(String[] args) {
        try {
            member = new Member("李明", "male", 300, 0, 200);
            if(member.getBalance() <= 0)
                throw new BalanceInsufficientException("余额不足");
        } catch (BalanceInsufficientException e) {
            System.err.println(e.getMessage());
        }
    }
}
```

本章小结

本章介绍了异常的类型，异常可分为运行时异常 RuntimeException 和受检查异常 Checked Exception，对于异常可以处理也可以不进行处理，如果不处理异常将会导致程序中断发生错误。用于处理异常的语句组 try-catch 可以保护异常可能出现的代码并对异常进行处理，也可以使用 throws 操作向上抛出异常。

用户也可以自定义异常，通过 throw 操作自行抛出异常，同时自行处理自定义的异常情况。

习题练习

1. 从命令行得到 5 个整数，放入一个整型数组，然后打印输出，要求：如果输入数据不为整数，要捕获 Integer.parseInt()产生的异常，显示“请输入整数”，捕获输入参数多于 5 个的异常（数组越界），显示“请输入至少 5 个整数”。

2. 写一个方法 void triangle(int a,int b,int c)，判断 3 个参数是否能构成一个三角形，如果不能则抛出异常 IllegalArgumentException，显示异常信息“a,b,c+不能构成三角形”，如果可以构成则显示三角形 3 个边长，在主方法中得到命令行输入的 3 个整数，调用此方法，并捕获异常。

3. 编写应用程序 EcmDef.java，接收控制台的两个参数，要求不能输入负数，计算两数相除。要求：对数据类型不一致（NumberFormatException）、命令行参数数量超过两个（ArrayIndexOutOfBoundsException）、除以数字 0（ArithmeticException），以及输入负数（自定义异常类）进行异常处理。

Java

8 Chapter

第 8 章
常用的 Java 类

学习目标

- 理解并掌握 Object 类和 System 类的用法
- 理解并掌握基本包装类的用法
- 理解并掌握字符串操作系列类的用法
- 掌握 Math 类的用法
- 掌握 Calendar 类和 Date 类的用法

8.1 常用的基础类

8.1.1 Objcet 类

在 Java 中 Object 类是所有类的父类（直接的或间接的），也就是说 Java 中所有其他的类都是从 Object 类派生而来的。下面列出 Object 类几个主要方法。

① boolean equals(Object obj)：用来比较两个对象是否相同，相同时返回 true，否则返回 false。

② class getClass()：获取当前对象所属类的信息，返回的是 Class 对象。

③ String toString()：返回对象本身的相关信息，返回值是字符串。

④ Object clone()：创建且返回一个本对象的复制对象（克隆）。

⑤ void wait()：该线程等待，直到另一个线程叫醒它。

⑥ int hashCode()：返回对象的哈希码值。

⑦ void notify()：叫醒该对象监听器上正在等待的线程。

由于继承性，这些方法对于其他类的对象都是适用的。因此，在后面章节中介绍类时，将不再重述这些方法而直接使用它们。

8.1.2 System 类

System 类是最基础的类，它提供了标准的输入/输出、运行时（Runtime）系统信息。下面简要介绍它的属性和常用的方法。

（1）属性

System 类提供了如下 3 个属性：

① final static PrintStream out：用于标准输出（屏幕）；

② final static InputStream in：用于标准输入（键盘）；

③ final static PrintStream err：用于标准错误输出（屏幕）。

这 3 个属性同时又是对象，在前面的例子中已经多次使用过它们。

（2）几个常用方法

① static long currentTimeMillis()：用来获取 1970 年 1 月 1 日 0 时到当前时间的毫秒数。

② static void exit(int status)：退出当前 Java 程序。status 为 0 时表示正常退出，非 0 时表示因出现某种形式的错误而退出。

③ static void gc()：回收无用的内存空间进行重新利用。

④ static void arraycopy(Object src, int srcPos, Object dest, int destPos, int length)：将数组 src 中 srcPos 位置开始的 length 个元素复制到 dest 数组中以 destPos 位置开始的单元中。

⑤ static String setProperty(String key, String value)：设置由 key 指定的属性值为 value。

⑥ static String getProperties(String properties)：返回 properties 属性的值。表 8-1 列出了可以使用的属性。

表 8-1 属性

属性	说明
java.version	Java 运行环境版本
java.vendor.url	Java vendor URL
java.home	Java 安装目录
java.vm.specification.version	JVM 规范版本
java.vm.specification.vendor	JVM 规范 vendor
java.vm.specification.name	JVM 规范名
java.vm.version	JVM 实现版本
java.vm.vendor	JVM 实现 vendor
java.vm.name	JVM 实现名
java.specification.version	Java 运行环境规范版本
java.specification.vendor	Java 运行环境规范 vendor
java.specification.name	Java 运行环境规范名
java.class.version	Java 类格式版本号
java.class.path	Java 类路径
java.library.path	装入库时的路径表
java.io.tmpdir	默认的临时文件路径
java.compiler	JIT 编译器使用的名
java.ext.dirs	目录或延伸目录的路径
os.name	操作系统名
os.arch	操作系统结构
os.version	操作系统版本
file.separator	文件分割符（UNIX 为"/"）
path.separator	路径分割符（UNIX 为":"）
line.separator	行分隔符（UNIX 为"\n"）
user.name	用户的账户名
user.home	用户的基目录
user.dir	用户的当前工作目录

下面举例说明某些方法的应用。

例 8–1：获取系统相关信息。

```
class DisplayProperty
{
  public static void  main(String args[])  //main()方法
  {
  //显示相关的属性信息
  System.out.println(System.getProperty("java.version"));
  System.out.println(System.getProperty("file.separator"));
```

```
    System.out.println(System.getProperty("java.vm.version"));
    System.out.println(System.getProperty("os.version"));
    System.out.println(System.getProperty("os.name"));
    System.out.println(System.getProperty("java.class.path"));
    System.out.println(System.getProperty("java.specification.vendor"));
  }
}
```

可以将要查看的属性放入程序输出语句中，运行程序，查看属性值。

例 8-2：设置目录属性，将临时文件存储目录设置为 d:/temp，用户工作目录设置为 d:\userwork。

```
public class Set_dir
{
  public static void main(String args[])
  {
    System.out.println("原临时文件存储目录名称:"+System.getProperty("java.io.tmpdir"));
    System.out.println("现将将其设置为 d:/temp");
    System.setProperty("java.io.tmpdir", "d:/temp");
    System.out.println("原用户工作目录名称:"+System.getProperty("user.dir"));
    System.out.println("现将其设置为 d:/userwork");
    System.setProperty("user.dir", "d:/userwork");
    System.out.println("新的临时文件存储目录:"+System.getProperty("java.io.tmpdir"));
    System.out.println("新的用户工作目录名称:"+System.getProperty("user.dir"));
  }
}
```

注意

System 类不进行实例化，它的属性和方法均是 static 型，可直接用类名引用。在程序的开头也不需要"import java.lang.System"语句，系统默认它的存在。

8.1.3 Runtime 类

每个 Java 应用程序在运行时都有一个 Runtime 对象，用于与运行环境交互。Java JVM 自动生成 Runtime 对象，得到 Runtime 对象后，就可以获取当前运行环境的一些状态，如系统版本、用户目录、内存使用情况等。Runtime 类常用的方法如下。

① static Runtime getRuntime()：返回和当前 Java 应用程序关联的运行时对象。

② Process exec(String command)：在一个单独的进程中执行由 command 指定的命令。

③ Process exec(String[] cmdarray)：在一个单独的进程中执行由 cmdarray 指定的带有参量的命令。

④ Process exec(String[] cmdarray, String[] envp, File dir)：在一个单独的进程中，以 envp 中环境变量设置的环境和 dir 设置的工作目录执行由 cmdarray 指定的带有参量命令。

⑤ void load(String filename)：作为动态库装入由 filename 指定的文件。

⑥ void loadLibrary(String libname)：以 libname 指定的库名装入动态库。

⑦ void traceInstructions(boolean on)：能够/禁止指令跟踪。

⑧ void traceMethodCalls(boolean on)：能够/禁止方法调用跟踪。

⑨ void exit(int status)：结束程序执行，status 表示结束状态。

⑩ long freeMemory()：返回 Java 系统当前可利用的空闲内存。

⑪ long maxMemory()：返回 JVM 所期望使用的最大内存量。

⑫ long totalMemory()：返回 Java 系统总的内存。

注 意

applet 不能调用该类任何的方法。

下面举一个简单的例子说明 Runtime 类的应用。

例 8-3：测试系统内存的大小，并在 Java 中装入记事本程序 notepad.exe 编辑文本文件。

```
class RuntimeApp
{
  public static void main(String args[]) throws Exception
  {
  Runtime rt = Runtime.getRuntime(); //创建对象
  System.out.println("最大内存: " +rt.maxMemory());
  System.out.println("总内存: " +rt.totalMemory());
  System.out.println("可用内存: " +rt.freeMemory());
  rt.exec("notepad");//调用记事本程序
 }
}
```

8.2 包装类的代表 Integer 类

如前所述，每一种基本数据类型都对应有相应的包装类，这些类提供了不同类型数据的转换及比较等功能。下面简要介绍一下 Integer 类。对于其他的基本类型类及细节说明，需要时可查阅相应的手册。

（1）Integer 类的常用属性

① static int MAX_VALUE：最大整型常量 2147483647。

② static int MIN_VALUE：最小整型常量-2147483648。

③ static int SIZE：能表示的二进制位数 32。

（2）构造器

① Integer(int value)：以整数值构造对象。

② Integer(String s)：以数字字符串构造对象。

（3）常用方法

① byte byteValue()：返回整数的字节表示形式。

② short shortValue()：返回整数的 short 表示形式。

③ int intValue()：返回整数的 int 表示形式。

④ long longValue()：返回整数 long 的表示形式。

⑤ float floatValue()：返回整数 float 的表示形式。

⑥ double doubleValue()：返回整数 double 的表示形式。

⑦ int compareTo(Integer anotherInteger)：与另一个整数对象相比较，若相等返回 0；若大于比较对象，返回 1；否则返回-1。

⑧ static Integer decode(String nm)：把字符串 nm 译码为一个整数。

⑨ static int parseInt(String s)：返回字符串的整数表示形式。

⑩ static int parseInt(String s, int radix)：以 radix 为基数返回字符串 s 的整数表示形式。

⑪ static String toBinaryString(int i)：返回整数 i 的二进制字符串表示形式。

⑫ static String toHexString(int i)：返回整数 i 的十六进制字符串表示形式。

⑬ static String toOctalString(int i)：返回整数 i 的八进制字符串表示形式。

⑭ static String toString(int i)：返回整数 i 的字符串表示形式。

⑮ static String toString(int i, int radix)：以 radix 为基数返回 i 的字符串表示形式。

⑯ static Integer valueOf(String s)：返回字符串 s 的整数对象表示形式。

⑰ static Integer valueOf(String s, int radix)：以 radix 为基数返回字符串 s 的整数对象表示形式。

⑱ static int bitCount(int i)：返回 i 的二进制表示中“1”位的个数。

下面写一个简单的例子看一下 Integer 类及方法的应用。

例 8-4：输出整数 668 的各种进制数的表示。

```
public class IntegerApp
{
  public static void main(String [] args)
  {
    int n=668;
    System.out.println("十进制表示: "+n);
    System.out.println("二进制表示: "+Integer.toBinaryString(n));
    System.out.println("八进制表示: "+Integer.toOctalString(n));
    System.out.println("十二进制表示: "+Integer.toString(n,12));
    System.out.println("十六进制表示: "+Integer.toHexString(n));
    System.out.println("二进制表示中 1 位的个数: "+Integer.bitCount(n));
  }
}
```

编译、运行程序，结果如图 8-1 所示。

图8-1　例8-4运行结果

8.3 数学工具类——Math 类

Math 类提供了用于数学运算的标准方法及常数。

（1）属性

① static final double E=2.718281828459045；

② static final double PI=3.141592653589793。

（2）常用方法

① static 数据类型 abs(数据类型 a)：求 a 的绝对值。其中数据类型可以是 int、long、float 和 double。这是重载方法。

② static 数据类型 max(数据类型 a，数据类型 b)：求 a、b 中的最大值。数据类型如上所述。

③ static 数据类型 min(数据类型 a，数据类型 b)：求 a、b 中的最小值。数据类型如上所述。

④ static double acos(double a)：返回 arccos(a)的值。

⑤ static double asin(double a)：返回 arcsin(a)的值。

⑥ static double atan(double a)：返回 arctan(a)的值。

⑦ static double cos(double a)：返回 cos(a)的值。

⑧ static double exp(double a)：返回 exp(a)的值。

⑨ static double log(double a)：返回 ln(a)的值。

⑩ static double pow(double a, double b)：求 ab 的值。

⑪ static double random()：产生 0～1 之间的随机值，包括 0 而不包括 1。

⑫ static double rint(double a)：返回靠近 a 且等于整数的值，相当于四舍五入去掉小数部分。

⑬ static long round(double a)：返回 a 靠近 long 的值.。

⑭ static int round(float a)：返回 a 靠近 int 的值。

⑮ static double sin(double a)：返回 sin(a)的值。

⑯ static double sqrt(double a)：返回 a 的平方根。

⑰ static double tan(double a)：返回 tan(a)的值。

⑱ static double toDegrees(double angrad)：将 angrad 表示的弧度转换为度数。

⑲ static double toRadians(double angdeg)：将 angdeg 表示的度数转换为弧度。

Math 类提供了三角函数及其他的数学计算方法，它们都是 static 型，在使用时直接作为类方法使用即可，不需要专门创建 Math 类的对象。

8.4 字符串

如前所述，字符是一基本的数据类型，而字符串是抽象的数据类型，只能使用对象表示字符串。前面已经对字符串进行了简单处理及其操作。下面将详细介绍用于字符串处理的类及其应用。

8.4.1 String 类

String 类是最常用的一个类，它用于生成字符串对象，对字符串进行相关的处理。

1. 构造字符串对象

在前面使用字符串时，是直接把字符串常量赋给了字符串对象。其实String类提供了如下一些常用的构造函数用来构造字符串对象。

① String()：构造一个空的字符串对象。

② String(char chars[ ])：以字符数组chars的内容构造一个字符串对象。

③ String(char chars[ ], int startIndex, int numChars)：以字符数组chars中从startIndex位置开始的numChars个字符构造一个字符串对象。

④ String(byte [] bytes)：以字节数组bytes的内容构造一个字符串对象。

⑤ String(byte[] bytes, int offset, int length)：以字节数组bytes中从offset位置开始的length个字节构造一个字符串对象。

还有一些其他的构造函数，使用时可参考相关的手册。

下面的程序片段以多种方式生成字符串对象：

```
String s=new String() ; //生成一个空串对象
char chars1[]={'a','b','c'}; //定义字符数组chars1
char chars2[]={'a','b','c','d','e'};//定义字符数组chars2
String s1=new String(chars1);//用字符数组chars1构造对象s1
String s2=new String(chars2,0,3);//用chars2前3个字符构造对象
byte asc1[]={97,98,99};//定义字节数组asc1
byte asc2[]={97,98,99,100,101};//定义字节数组asc2
String s3=new String(asc1);//用字节数组asc1构造对象s3
String s4=new String(asc2,0,3);//用字节数组asc2前3个字节构造对象s4。
```

2. String类对象的常用方法

String类也提供了众多的方法用于操作字符串，以下列出一些常用的方法：

① public int length()：此方法返回字符串的字符个数。

② public char charAt(int index)：此方法返回字符串中index位置上的字符，其中index值的范围是0～length–1。例如：

```
String str1=new String("This is a string.");  //定义字符串对象str1
int  n=str1.length();       //获取字符串str1的长度n=17
char ch1=str1.charAt(n-2);  //获取字符串str1倒数第二个字符,ch1='g'
```

③ public int indexOf(char ch)：返回字符ch在字符串中第一次出现的位置。

④ public lastIndexOf(char ch)：返回字符ch在字符串中最后一次出现的位置。

⑤ public int indexOf(String str)：返回子串str在字符串中第一次出现的位置。

⑥ public int lastIndexOf(String str)：返回子串str在字符串中最后一次出现的位置。

⑦ public int indexOf(int ch,int fromIndex)：返回字符ch在字符串中fromIndex位置以后第一次出现的位置。

⑧ public lastIndexOf(in ch ,int fromIndex)：返回字符ch在字符串中fromIndex位置以后最后一次出现的位置

⑨ public int indexOf(String str,int fromIndex)：返回子串str在字符串中fromIndex位置后第一次出现的位置。

⑩ public int lastIndexOf(String str,int fromIndex)：返回子串str在字符串中fromIndex位

置后最后一次出现的位置。例如：

```
String str2=new String("too wonderful for words;most intriguing.") ;
int n=str2.indexOf('o');    // n=1
n=str2.lastIndexOf('o');    // n=25
n=str2.indexOf("wo");       // n=4
n=str2.lastIndexOf("wo");   // n=18
n=str2.indexOf('o',16);     // n=19
n=str2.indexOf('r',21);     // n=32
```

⑪ public String substring(int beginIndex)：返回字符串中从 beginIndex 位置开始的字符子串。

⑫ public String substring(int beginIndex, int endIndex)：返回字符串中从 beginIndex 位置开始到 endIndex 位置（不包括该位置）结束的字符子串。例如：

```
String str3=new String("it takes time to know a person");
String str4=str3.substring(16);  //str4="know a person"
String str5=str3.substring(3,8);  //str5="takes"
```

⑬ public String contact(String str)：用来将当前字符串与给定字符串 str 连接起来。

⑭ public String replace(char oldChar,char newChar)：用来把串中所有由 oldChar 指定的字符替换成由 newChar 指定的字符以生成新串。

⑮ public String toLowerCase()：把串中所有的字符变成小写且返回新串。

⑯ public String toUpperCase()：把串中所有的字符变成大写且返回新串。

⑰ public String trim()：去掉串中前导空格和拖尾空格且返回新串。

⑱ public String[] split(String regex)：以 regex 为分隔符来拆分此字符串。

文字（字符串）处理在应用系统中是很重要的一个方面，应该熟练掌握字符串的操作。限于篇幅还有一些方法没有列出，需要时请参阅相关的手册。

3. 字符串应用示例

例 8-5：生成一班 20 位同学的学号并按每行 5 个输出。

```
public class StringOp1
 {
   public static void main(String [] args)
   {
     int num=101;
     String str="20060320";
     String[] studentNum=new String[20]; //存放学号
     for(int i=0; i<20; i++)
     {
        studentNum[i]=str+num; //生成各学号
        num++;
     }
     for(int i=0; i<20; i++)
     {
        System.out.print(studentNum[i]+"  ");
        if((i+1)%5==0) System.out.println(" ");//输出 5 个后换行
```

```
        }
      }
    }
```

程序运行结果如图 8-2 所示。

```
E:\PROGRA~1\XINOXS~1\JCREAT~1\GE2001.exe
20060320101  20060320102  20060320103  20060320104  20060320105
20060320106  20060320107  20060320108  20060320109  20060320110
20060320111  20060320112  20060320113  20060320114  20060320115
20060320116  20060320117  20060320118  20060320119  20060320120
Press any key to continue...
```

图8-2 例8-5运行结果

注意

由于字符串的连接运算符“+”使用简便，所以很少使用 contact()方法进行字符串连接操作。当一个字符串与其他类型的数据进行“+”运算时，系统自动将其他类型的数据转换成字符串。例如：

```
int  a=10,b=5;
String  s1=a+"+"+b+"="+a+b;
String  s2=a+"+"+b+"="+(a+b);
System.out.println(s1);   // 输出结果:  10+5=105
System.out.println(s2);   // 输出结果:  10+5=15
```

大家可以思考一下 s1 和 s2 的值为什么不一样。

例 8-6：给出一段英文句子，将每一个单词分解出来放入数组元素中并排序输出。

```
import java.util.Arrays;  //引入数组类 Arrays
public class UseStringMethod
{
 public static void main(String [] args)
 {
  String str1="The String class represents character strings. All string literals in Java programs, such as \"abc\", are implemented as instances of this class.";
  String [] s =new String[50]; //定义数组含 50 个元素
  str1=str1.replace('\"',' '); //将字符串中的转义字符\"替换为空格
  str1=str1.replace(',',' ');  //将字符串中的,号字符替换为空格
  str1=str1.replace('.',' ');  //将字符串中的.字符替换为空格
  //System.out.println(str1);   //输出处理后的字符串
  int i=0,j;
  while((j=str1.indexOf(" "))>0) //查找空格,若找到,则空格前是一单词
  { s[i++]=str1.substring(0,j); //将单词取出放入数组元素中
    str1=str1.substring(j+1); //在字符串中去掉取出的单词部分
    str1=str1.trim();    //去掉字符串的前导空格
  }
  Arrays.sort(s,0,i); //在上边析取了 i 个单词，对它们进行排序
  for(j=0; j<i; j++)
```

```
    { System.out.print(s[j]+ "  "); //输出各单词
      if((j+1)%5==0) System.out.println();
    }
   System.out.println();
  }
}
```

程序运行结果如图 8-3 所示。

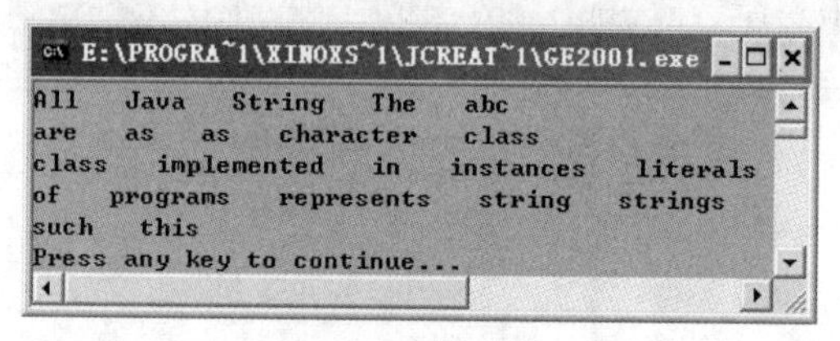

```
All    Java    String    The    abc
are    as    as    character    class
class    implemented    in    instances    literals
of    programs    represents    string    strings
such    this
Press any key to continue...
```

图8-3 例8-6运行结果

8.4.2 StringBuffer 类

在字符串处理中，String 类生成的对象是不变的，即 String 中对字符串的运算操作不是在源字符串对象本身上进行的，而是使用源字符串对象的拷贝去生成一个新的字符串对象，其操作的结果不影响源字符串。

StringBuffer 中对字符串的运算操作是在源字符串本身进行的，运算操作之后源字符串的值发生了变化。StringBuffer 类采用缓冲区存放字符串的方式提供了对字符串内容进行动态修改的功能，即可以在字符串中添加、插入和替换字符。StringBuffer 类被放置在 java.lang 类包中。

1. 创建 StringBuffer 类对象

使用 StringBuffer 类创建 StringBuffer 对象，StringBuffer 类常用的构造方法如下。

① StringBuffer()：用于创建一个空的 StringBuffer 对象。

② StringBuffer(int length)：以 length 指定的长度创建 StringBuffer 对象。

③ StringBuffer(String str)：用指定的字符串初始化创建 StringBuffer 对象。

注意

与 String 类不同，必须使用 StringBuffer 类的构造函数创建对象，不能直接定义 StringBuffer 类型的变量。例如下面的语句是不允许的。

```
StringBuffer  sb = "This is string object!";
```

必须使用：

```
StringBuffer sb= new StringBuffer("This is  string object!");
```

由于 StringBuffer 对象是可以修改的字符串，所以在创建 StringBuffer 对象时，并不一定都进行初始化工作。

2. 常用方法

（1）插入字符串方法 insert()

insert()方法是一个重载方法，用于在字符串缓冲区中指定的位置插入给定的字符串。它有如下形式。

① insert(int index, 类型 参量)：可以在字符串缓冲区中 index 指定的位置处插入各种数据类型的数据（int、double、boolean、char、float、long、String、Object 等）。

② insert（int index, char [] str, int offset, int len）：可以在字符串缓冲区中 index 指定的位置处插入字符数组中从下标 offset 处开始的 len 个字符。例如：

```
StringBuffer Name=new StringBuffer("李青青");
Name.insert(1,"杨");
System.out.println(Name.toString());//输出：李杨青青
```

（2）删除字符串方法

StringBuffer 类提供了如下常用的删除方法。

① delete(int start,int end) 用于删除字符串缓冲区中位置在 start～end 之间的字符。

② deleteCharAt(int index) 用于删除字符串缓冲区中 index 位置处的字符。

例如：

```
StringBuffer Name=new StringBuffer("李杨青青");
Name.delete(1,3);
System.out.println(Name.toString());//输出：李青
```

（3）字符串添加方法 append()

append()方法是一个重载方法，用于将一个字符串添加到一个字串缓冲区的后面，如果添加字符串的长度超过字符串缓冲区的容量，则字符串缓冲区将自动扩充，它有如下形式。

① append (数据类型 参量名)：可以向字符串缓冲区添加各种数据类型的数据(int、double、boolean、char、float、long、String、Object 等)。

② append(char[] str,int offset,int len)：将字符数组 str 中从 offset 指定的下标位置开始的 len 个字符添加到字符串缓冲区中。如：

```
StringBuffer Name=new StringBuffer("李");
Name.append("杨青青");
System.out.println(Name.toString());//输出：李杨青青
```

（4）字符串的替换操作方法 replace()

replace()方法是用一个新的字符串去替换字串缓冲区中指定的字符。它的形式如下。

replace(int start,int end,String str) 用字符串 str 替换字符串缓冲区中从位置 start 到 end 之间的字符。如：

```
StringBuffer Name=new StringBuffer("李杨青青");
Name.replace(1,3, "  ");
System.out.println(Name.toString());//输出：李  青
```

（5）获取字符方法

StringBuffer 提供了如下从字串缓冲区中获取字符的方法：

① charAt(int index)：取字符串缓冲区中由 index 指定位置处的字符；

② getChars(int start, int end, char[] dst, int dstStart)：取字符串缓冲区中 start～end 之间的字符并放到字符数组 dst 中以 dstStart 下标开始的数组元素中。

例如：

```
StringBuffer str=new StringBuffer("三年级一班学生是李军")
char[] ch =new char[10];
str.getChars(0, 7, ch, 3);
str.getChars(8, 10, ch, 0);
chr[2]=str.charAt(7);
System.out.println(ch);     //输出：李军是三年级一班学生
```

（6）其他几个常用方法

① toString()：将字符串缓冲区中的字符转换为字符串。

② length()：返回字符串缓冲区中字符的个数。

③ capacity()：返回字符串缓冲区总的容量。

④ ensureCapacity(int minimumCapacity)：设置追加的容量大小。

⑤ reverse()：将字符串缓冲区中的字符串翻转。例如：

```
StringBuffer str = new StringBuffer("1东2西3南4北5");
str.reverse();
System.out.println(str.toString()); //输出：5北4南3西2东1
```

⑥ lastIndexOf(String str)：返回指定的字符串 str 在字符串缓冲区中最右边（最后）出现的位置。

⑦ lastIndexOf(String str,int fromIndex)：返回指定的字符串 str 在字符串缓冲区中由 fromIndex 指定的位置前最后出现的位置。

⑧ substring(int start)：取字串。返回字符串缓冲区中从 start 位置开始的所有字符。

⑨ substring(int start, int end)：取字串。返回字符串缓冲区中从位置 start 开始到 end 之前的所有字符。

3. 应用举例

例 8-7：建立一个学生类，包括学号、姓名和备注项的基本信息。为了便于今后的引用，单独建立一个 Student 类如下：

```
package student;
import java.lang.StringBuffer;
public class Student
{
  public String studentID;          //学号
  public String studentName;        //姓名
  public StringBuffer remarks;      //备注
  public Student(String ID,String name,String remarks) //构造方法
  {
     studentID=ID;
     studentName=name;
     this.remarks=new StringBuffer(remarks);
  }
  public void display(Student  obj)  //显示方法
  {
     System.out.print(obj.studentID+"  "+obj.studentName);
     System.out.println(obj.remarks.toString());
```

```
    }
  }
}
```

例 8-8：创建学生对象，对学生的备注项进行修改。

```
import Student;
public class CreateStudent
{
public static void main(String args[])
{
    Student [] students= new Student[3];
    students[0]=new Student("20060120105","张山仁","");
    students[1]=new Student("20060120402","李斯文","");
    students[2]=new Student("20060120105","王五强","");
    students[1].remarks.append(" 2006 秋季运动会 5000 米长跑第一名");
    students[2].remarks.insert(0," 2006 第一学期数学课代表");
    for(int i=0; i<students.length; i++)
     {
       students[i].display(students[i]);
     }
}
}
```

先编译 Sudent.java，再编译 CreateStudent.java，执行结果如图 8-4 所示。

图8-4　例8-8运行结果

8.4.3　StringTokenizer 类

字符串是 Java 程序中主要的处理对象，在 Java.util 类包中提供的 StringTokenizer（字符串标记）类主要用于对字符串的分析、析取，如提取一篇文章中的每个单词等。下面简要介绍 StringTokenizer 类的功能和应用。

1. StringTokenizer 类的构造器

StringTokenizer 类对象构造器如下：

① StringTokenizer(String str)；

② StringTokenizer(String str, String delim)；

③ StringTokenizer(String str, String delim, boolean returnDelims)。

其中，str 是要分析的字符串；delim 是指定的分界符；returnDelims 确定是否返回分界符。

可将一个字符串分解成数个单元（Token 表法标记的意思），以分界符区分各单元。系统默认的分界符是空格“ ”、制表符“\t”、回车符“\r”、分页符“\f”。当然也可指定其它的分界符。

2. 常用方法

StringTokenizer 提供的常用方法如下。

① int countTokens()：返回标记的数目。

② boolean hasMoreTokens()：检查是否还有标记存在。

③ String nextToken()：返回下一个标记。

④ String nextToken(String delimit)：根据 delimit 指定的分界符，返回下一个标记。

3. 应用举例

例 8-9：统计字符串中的单词个数。

```
import java.util.StringTokenizer;
class TokenExample
{
  public static void main(String[] args)
  {
     StringTokenizer tk=new StringTokenizer("It is an example");
     int n=0;
     while(tk.hasMoreTokens())
      {
        tk.nextToken();
        n++;
      }
     System.out.println("单词个数:"+n);  //输出单词数
   }
}
```

例 8-10：按行输出学生的备注信息。

```
import student.Student;
import java.util.StringTokenizer;
public class OutStudentInformation
{
public static void main(String args[])
 {
     Student [] students= new Student[3];
     students[0]=new Student("20060120105","张山仁","");
     students[1]=new Student("20060120402","李斯文"," 2006 秋季运动会 5000 米长跑第一名 院英语竞赛第二名");
     students[2]=new Student("20060120105","王五强"," 2006 第一学期数学课代表 一等奖学金");
     for(int i=0; i<students.length; i++)
     {
       System.out.println("\n"+students[i].studentName+"简介:");
       StringTokenizer tk=new StringTokenizer(students[i].remarks. toString());
       while(tk.hasMoreTokens())
        System.out.println(tk.nextToken());
     }
}
}
```

请大家自己运行一下上述的两个例子，加深对字符串处理的认识。

8.5 其他常用工具类

在前面介绍了 Java.util 包中 StringTokenizer 和 Arrays 类，下面再介绍几个常用的工具类。

8.5.1 向量（Vector）类

与数组类似，向量也是一组对象的集合，所不同的是，数组只能保存同一类型固定数目的元素，一旦创建便只能更改其元素值而不能再追加数组元素。尽管可以重新定义数组的大小，但这样做的后果是原数据丢失，相当于重新创建数组。向量既可以保存不同类型的元素，也可以根据需要随时追加对象元素，从某种意义上说，它相当于动态可变的数组。

下面简要介绍一下向量的功能和应用。

1. Vector 类的构造器

创建 Vector 对象的构造器如下。

① Vector()：创建新对象。其内容为空，初始容量为 10。

② Vector(Collection obj)：以类 Colloction（集合）的实例 obj 创建新对象，新对象包含了 Collection 对象 obj 的所有的元素内容。

③ Vector(int initialCapacity)：创建新对象。其内容为空，初始容量由 initialCapacity 指定。

④ Vector(int initialCapacity, int capacityIncrement)：创建新对象。其内容为空，初始容量由 initialCapacity 指定，当存储空间不够时，系统自动追加容量，每次追加量由 capacityIncrement 指定。例如：

```
Vector studentVector=new Vector(100,10);
```

创建对象时，初始容量为 100，以后根据使用需要以 10 为单位自动追加容量。

2. 常用方法

Vector 类提供的常用方法如下。

（1）添加元素方法 add()

① viod add(int index, Object obj)：在向量中由 index 指定的位置处存放对象 obj。

② boolean add(Object obj)：在向量的尾部追加对象 obj。若操作成功，返回真值，否则返回假值。

③ boolean addAll(Collection obj)：在向量的尾部追加 Collection 对象 obj。若操作成功，返回真值，否则返回假值。

④ addAll(int index,Collection obj)：在向量中由 index 指定的位置处开始存放 Collection 对象 obj 的所有元素。

⑤ insertElement(Object obj,int index)：在向量中由 index 指定的位置处存放对象 obj。

例如：

```
Vector aVector=new Vector(5);
aVector.add(0, "aString");
Integer aInteger=new Integer(12);
aVector.add(1,aInteger);
```

（2） 移除元素方法 remove()

① remove(int index)：在向量中移除由 index 指定位置的元素。

② boolean remove(Object obj)：在向量中移除首次出现的 obj 对象元素。若操作成功，返回真值，否则返回假值。

③ boolean removeAll(Collection obj)：在向量中移除 obj 对象的所有元素。若操作成功，返回真值，否则返回假值。

④ removeAllElements()：在向量中移除所有元素。

（3） 获取元素方法

① Object get(int index)：获取由 index 指定位置的向量元素。

② Object lastElement()：获取向量中最后一个元素。

③ Object[] toArray()：将向量中的所有元素依序放入数组中并返回。

（4）查找元素方法 indexOf()

① int indexOf(Object obj)：获得 obj 对象在向量中的位置。

② int indexOf(Object obj, int index)：从 index 位置开始查找 obj 对象，并返回其位置。

③ boolean contains(Object obj)：查找向量中是否存在 obj 对象，若存在返回 ture；否则 false。

（5）其他方法

① boolean isEmpty()：测试向量是否为空。

② int capacity()：返回向量的当前容量。

③ int size()：返回向量的大小即向量中当前元素的个数。

④ boolean equals(Object obj)：将向量对象与指定的对象 obj 比较是否相等。

注意：向量的容量与向量的大小是两个不同的概念。向量容量是指为存储元素开辟的存储单元，而向量的大小是指向量中现有元素的个数

3. 应用举例

在前面的例子中，使用 StringTokenizer 类和数组的功能统计字符串中单词出现的频度，下面还以析取单词为例，使用向量的功能进行相关的处理。

例 8-11：统计一个英文字符串（或文章）中使用的单词数。

程序的基本处理思想和步骤如下：

① 利用 StringTokenizer 类对象的功能析取单词；

② 为保证唯一性，去掉重复的单词，并将单词存入向量中；

③ 利用 Voctor 类对象的功能，统计单词数。

程序代码如下：

```
import java.util.*;
class WordsVector
{
 public static void main(String[] args)
 {
  StringTokenizer tk=new StringTokenizer("It is an example for obtaining words . It uses methods in Vector class .");
  Vector vec=new Vector();     //定义向量
```

```
    while(tk.hasMoreTokens())
    {
     String str=new String(tk.nextToken()); //取单词
     if(!(vec.contains(str))) vec.add(str); //若向量中无此单词则写入
    }
    for(int i=0; i<vec.size(); i++) System.out.print(vec.get(i)+" ");//输出各
单词
     System.out.println("\n字符串中使用了"+vec.size()+"个单词");
    }
  }
```

例8-12：修改上例，改用Vector类的功能统计一个英文字符串（或文章）中使用的单词数。

程序的基本思想和处理步骤是：

① 利用StringTokenizer类对象的功能析取单词，并将析取的单词存入向量中；

② 利用Vector类的查找方法定位重复的单词，计数后并移除；

③ 将单词的计数插入到向量中单词的后边；

④ 输出各单词及出现次数。

程序代码如下：

```
  import java.util.*;
  class WordCount_Vector
  {
    public static void main(String[] args)
    {
     StringTokenizer tk=new StringTokenizer("It is an example for sorting
arrays . It uses methods in arrays class");
     Vector vec=new Vector();
     while(tk.hasMoreTokens()) vec.add(tk.nextToken());   //获取单词放入向量
     int i=0;
     while(i<vec.size())
     {
       String str=(String)vec.get(i);
      int count =1;
      int location=0;
      while((location=vec.indexOf(str,i+1))>0) //查找重复的单词
      { count++;   //计数
        vec.remove(location); //移除重复的单词
      }
      i++; //移动到单词的下一个位置
      vec.insertElementAt(count, i);  //将计数插入到单词后边的单元
      i++; //移动到下一个单词位置
     }
     for(i=0;i<vec.size();i=i+2) //输出各单词出现次数
     System.out.println(vec.get(i)+"单词出现"+vec.get(i+1)+"次");
    }
  }
```

请读者认真阅读上述程序，写出自己认为的结果。然后再输入、编译、运行程序，比较一下结果。也可以按照自己的思想修改程序，只要达到目的即可。类包中的类一般都提供了众多的方法，要完成某一工作，实现的方法并不是唯一的。在介绍类的功能时，限于篇幅，只是介绍了一些常用的方法，不可能全部介绍，因此一定要掌握面向对象程序设计的基本思想和方法，在设计程序的过程中，根据需要可查阅系统提供的帮助文档。

8.5.2 Date 类

Date 类用来操作系统的日期和时间。

1. 常用的构造器

① Date()：用系统当前的日期和时间构建对象。

② Date(long date)：以长整型数 date 构建对象。date 是从 1970 年 1 月 1 日零时算起所经过的毫秒数。

2. 常用的方法

① boolean after(Date when)：测试日期对象是否在 when 之后。

② boolean before(Date when)：测试日期对象是否在 when 之前。

③ int compareTo(Date anotherDate)：日期对象与 anotherDate 比较，如果相等返回 0 值；如果日期对象在 anotherDate 之后返回 1，否则在 anotherDate 之前返回-1。

④ long getTime()：返回自 1970 年 1 月 1 日 00:00:00 以来经过的时间（毫秒数）。

⑤ void setTime(long time)：以 time(毫秒数)设置时间。

8.5.3 实践任务——Date 类定义起止日期

步骤 1：定义优惠时段

优惠时段包括 2 个日期类型的字段：

```
Date startTime;
Date endTime;
```

步骤 2：输入优惠时段

输入优惠开始日期和结束日期（格式：yyyy-mm-dd）

```
String st;
String et;
System.out.print("请输入优惠开始时间：");
st = in.next();
System.out.print("请输入优惠结束时间：");
et = in.next();
```

步骤 3：将输入转换为日期类型保存

```
SimpleDateFormat sdf = new SimpleDateFormat("yyyy-MM-dd");
try {
    startTime = sdf.parse(st);
    endTime = sdf.parse(et);
} catch (ParseException e) {
    // TODO Auto-generated catch block
```

```
        e.printStackTrace();
    }
```

8.5.4　Calendar 类

Calendar 类能够支持不同的日历系统，它提供了多数日历系统所具有的一般功能，是抽象类，这些功能对子类可用。

下面简要介绍一下 Calendar 类。

1. 类常数

该类提供了如下一些日常使用的静态数据成员：

① AM（上午）、PM（下午）、AM_PM（上午或下午）；

② MONDAY~ SUNDAY（星期一 ~ 星期天）；

③ JANUARY ~ DECENBER（一月 ~ 十二月）；

④ ERA（公元或公元前）、YEAR（年）、MONTH（月）、DATE（日）；

⑤ HOUR（时）、MINUTE（分）、SECOND（秒）、MILLISECOND（毫秒）；

⑥ WEEK_OF_MONTH（月中的第几周）、WEEK_OF_YEAR（年中的第几周）；

⑦ DAY_OF_MONTH（当月的第几天）、DAY_OF_WEEK（星期几）、DAY_OD_YEAR（一年中第几天）等。

另外，还提供了一些受保护的数据成员，需要时请参阅文档。

2. 构造器

① protected Calendar()：以系统默认的时区构建 Calendar。

② protected Calendar(TimeZone zone, Locale aLocale)：以指定的时区构建 Calendar。

3. 常用方法

① boolean after(Object when)：测试日期对象是否在对象 when 表示的日期之后。

② boolean before(Object when)：测试日期对象是否在对象 when 表示的日期之前。

③ final void set(int year,int month,int date)：设置年、月、日。

④ final void set(int year,int month,int date,int hour,int minute,int second)：设置年、月、日、时、分、秒。

⑤ final void setTime(Date date)：以给出的日期设置时间。

⑥ public int get(int field)：返回给定日历字段的值。

⑦ static Calendar getInstance()：用默认或指定的时区得到一个对象。

⑧ final Date getTime()：获得表示时间值（毫秒）的 Date 对象。

⑨ TimeZone getTimeZone()：获得时区对象。

⑩ long getTimeInMillis()：返回该 Calendar 以毫秒计的时间。

⑪ static Calendar getInstance(Locale aLocale)：以指定的地点及默认的时区获得一个 calendar 对象。

⑫ static Calendar getInstance(TimeZone zone)：以指定的时区获得一个 Calendar 对象。

⑬ static Calendar getInstance(TimeZone zone, Locale aLocale)：以指定的地点及时区获得一个 Calendar 对象。

该类提供了丰富的处理日期和时间的方法，上面只列出了一部分，详细内容请参阅 API 文档。

4. 应用举例

Calendar 是抽象类，虽然不能直接建立该类的对象，但可以通过该类的类方法获得 Calendar 对象。

例 8-13：使用 Calendar 类的功能显示日期和时间。

```
import java.util.*;
public class CalendarApp
{
 String [] am_pm={"上午","下午"};
 public void display(Calendar cal)
 {
  System.out.print(cal.get(Calendar.YEAR)+".");
  System.out.print((cal.get(Calendar.MONTH)+1)+".");
  System.out.print(cal.get(Calendar.DATE)+" ");
  System.out.print(am_pm[cal.get(Calendar.AM_PM)]+" ");
  System.out.print(cal.get(Calendar.HOUR)+":");
  System.out.print(cal.get(Calendar.MINUTE)+":");
  System.out.println(cal.get(Calendar.SECOND));
 }
 public static void main(String args[])
 {
  Calendar calendar=Calendar.getInstance();// 用默认时区得到对象
  CalendarApp testCalendar=new CalendarApp();
  System.out.print("当前的日期时间:");
  testCalendar.display(calendar); //调用方法显示日期时间
  calendar.set(2000,0,30,20,10,5);// 设置日期时间
  System.out.print("新设置日期时间:");
  testCalendar.display(calendar);
 }
}
```

应该注意到 MONTH 常数是以 0 ~ 11 计算的，即第 1 月为 0，第 12 月为 11。程序执行结果如图 8-5 所示。

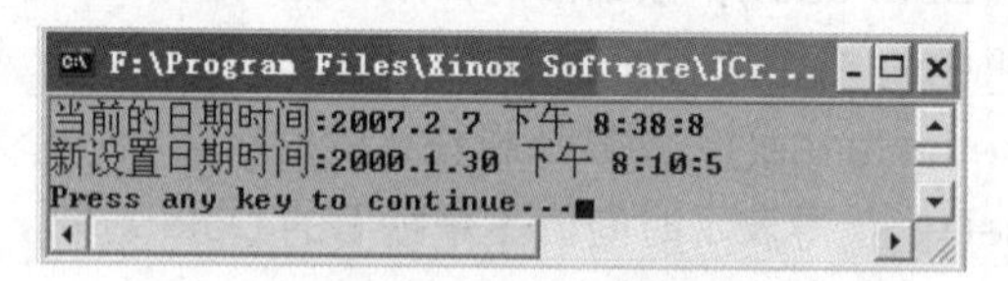

图8-5 例8-13程序运行结果

8.5.5 GregorianCalendar 类

GregorianCalendar 是一个标准的日历类，它从抽象类 Calendar 派生而来。下面简要介绍该类的功能和应用。

1. 常用构造器

① GregorianCalendar()：以当地默认的时区和当前时间创建对象。如北京时间时区为

Asia/Beijing。

② GregorianCalendar(int year, int momth, int date)：用指定的year、month、date创建对象。

③ GregorianCalendar(int year, int month, int day, int hour, int minute, int seeond)：用指定的year、month、day和hour、minute、seeond创建对象。

④ GregorianCalendar(TimeZone zone)：以指定的zone创建对象。

⑤ GregorianCalendar(Locale locale)：以指定的locale创建对象。

⑥ GregorianCalendar(TimeZone zone, Locale locale)：以指定的zone与locale创建对象。

2. 常用的方法

GregorianCalendar是Calendar的子类，它实现了父类中的所有的抽象方法，并覆盖重写了父类的某些方法，除此之外，自己还定义了一些方法，需要时请查阅相关文档。下面列出常用的方法：

```
boolean isLeapYear(int year);  //判断某年是否为闰年
```

3. 应用举例

在实际的应用程序中经常会用到日期和时间，诸如实时控制程序、联机考试的计时程序等。下面举一个简单的例子说明计时应用。

例8-14：计算并输出21世纪的闰年，计算程序的执行时间。

```
import java.util.*;
class Program_Run_Time
{
public static void main(String args[]) throws Exception
{
  GregorianCalendar  gCalendar= new GregorianCalendar();
  long millis=gCalendar.getTimeInMillis();
  System.out.println("21世纪闰年如下：");
     for(int year=2000; year<2100; year++)
     {
      if(gCalendar.isLeapYear(year)) System.out.print(year+" ");
     }
     System.out.print("\n\n程序运行时间为：");
     millis=System.currentTimeMillis()-millis;
     System.out.println(millis+"微秒");
}
}
```

8.5.6 Random类

在实际生活和工作中，会经常遇到随机数的应用，诸如摇奖号码的产生、考试座位的随机编排等。在前面介绍的Math类的random()方法可以产生0~1的随机数。Random类是专门产生伪随机数的类，下面简要介绍Random类功能及应用。

1. 构造器

产生伪随机数是一种算法，它需要一个初始值（又称种子数），种子一样，产生的随机数序列就一样。使用不同的种子数则可产生不同的随机数序列。

① Random()：以当前系统时钟的时间（毫秒数）为种子构造对象，该构造器产生的随机数序列不会重复。

② Random(long seed)：以 seed 为种子构造对象。

2. 常用方法

① void setSeed(long seed)：设置种子数。

② void nextBytes(byte[] bytes)：产生一组随机字节数放入字节数组 bytes 中。

③ int nextInt()：返回下一个 int 伪随机数。

④ int nextInt(int n)：返回下一个 0～n（包括 0 而不包括 n）之间的 int 伪随机数。

⑤ long nextLong()：返回下一个 long 伪随机数。

⑥ float nextFloat()：返回下一个 0.0～1.0 的 float 伪随机数。

⑦ double nextDouble()：返回下一个 0.0～1.0 的 double 伪随机数。

3. 应用举例

例 8-15：为 n 个学生考试随机安排座位号。

程序的基本处理思想如下：

① 使用一个 2 行 n 列的二维数组存放学生信息，第一行存放学号，第二行存放相应的座号；

② 生成学生的学号；

③ 编写一个方法使用产生随机数的方式并去掉重复的随机数完成座位排号。

程序参考代码如下：

```
import java.util.*;
public class  RandomApp
{
public void produceRandomNumbers(int[] a)
{
    Random rd=new Random(); //创建 Random 对象
    int i=0;
    int n=a.length;
L0: while(i<n)
    {
int m=rd.nextInt(n+1); //产生 0~n+1 之间的座号
      if(m<=0) continue; //若 m<=0,去产生下一个座号
      for(int j=0;j<=i;j++) if(a[j]==m) continue L0;//座号存在，去产生下一个
      a[i]=m;
      i++;
    }
}
public static void main(String[] args)
{
   int n=30;
   int  [][] student=new int[2][n];
   RandomApp obj=new RandomApp();
   for(int i=0;i<n;i++)
```

```
        { student[0][i]=200602001+i; //生成学号
          student[1][i]=0;  //座号先置 0
        }
        obj.produceRandomNumbers(student[1]);//调用方法生成座号
        for(int i=0;i<n;i++) //输出学号及对应的座号
    {
    System.out.println(student[0][i]+"  "+student[1][i]);
        }
    }
    }
```

读者可以编译、运行该程序并检验执行结果。

8.5.7　实践任务——Random 类产生中奖对象

步骤 1：获得所有会员数据

```
ArrayList<Member> members = Customer.getMembers();
```

步骤 2：随机抽取中奖会员并显示

```
int count = 10; // 定义中奖名额
Random rd = new Random();
System.out.println("中奖会员如下：");
while(count>0 && members.size()>0){
    // 产生 0-members.size()-1 之间的随机整数
    int i = rd.nextInt(members.size()-1);
    // 输出中奖会员信息
    System.out.println(members.get(i));
    // 去掉已中奖会员
    members.remove(i);
}
```

本章小结

本章简单介绍了 Java 编程过程中常用到的工具类，包括 Runtime 类、StringBuffer 类、System 类、Math 类、Calendar 类等。Java 为开发者提供的工具类有上千种，本章介绍的只是其中一小部分，但读者可以触类旁通，从本章的常用类的学习中找到学习其他工具类的方法。

习题练习

一、选择题

1. 下面的表达式中正确的是（　　）。

   A. String　s="你好"；　if(s=="你好")　System.out.println(ture);

   B. String s="你好"；　if(s!="你好")　System.out.println(false);

   C. StringBuffer s="你好"；　if(s.equals("你好"))　System.out.println(ture);

D. StringBuffer s=new Stringbuffer("你好"); if(s.equals("你好")) System.out.println (ture);

2. String str ; System.out.println(str.length()); 以上语句的处理结果是（ ）。

A. 编译报错　B. 运行结果为 null

C. 运行结果为 0　D. 随机值

3. if("Hunan".indexOf('n')==2) System.out.println("true"); 以上语句运行的结果是（ ）。

A. 报错　B. true　C. false　D. 不显示任何内容

4. 执行 String [ ] s=new String [10]；代码后，下边哪个结论是正确的（ ）。

A. s [10] 为 "";　B. s [10] 为 null;

C. s [0] 为未定义;　D. s.length 为 10

5. 已定义数组：int [ ] arr={5,2,9,7,5,6,7,1}; 为数组元素排序的正确语句是（ ）。

A. Arrays.sort(a);　B. Arrays a.sort( );

C. Arrays a=new Arrays.sort( );　D. a.sort (a)

6. 下面关于 Vector 类的说法不正确的是（ ）。

A. 类 Vector 在 java.util 包中。

B. 一个向量（Vector）对象中可以存放不同类型的对象。

C. 一个向量（Vector）对象大小和数组一样是固定的。

D. 可以在一个向量（Vector）对象插入或删除元素。

7. 以下哪个语句产生 0 ~ 100 的随机数。（ ）

A. Math.random();　B. new Random().nextint();

C. Math.random(100);　D. new Random().nextInt(100);

8. 以下哪个语句获得当前时间。（ ）

A. System.currentTimeMillis();　B. System.currentTime();

B. Runtime.getRuntime();　D. Runtime.getRuncurrentTime();

二、问答题

1. 字符与字符串有什么区别?

2. 什么是字符串常量与字符串变量? 字符串与字符串缓冲有什么区别?

3. 数组与向量有什么区别? 数组类有哪些常用方法?

4. 简述实用类库及其包含的类。

5. 与时间和日期有关的类有哪些?

三、编程题

1. 统计一篇文档资料中单词的个数（提示文档资料可放在字符串中）。

2. 在 Vector 对象中存放 10 位学生的姓名、学号、3 门成绩并输出。

3. 在 Java 程序中调用其他可执行的外部程序并执行之，并输出程序的运行时间。